高等职业教育艺术设计类专业实践教材
21世纪高等职业教育艺术设计类专业规划教材
示范性高职院校工学结合课程建设教材

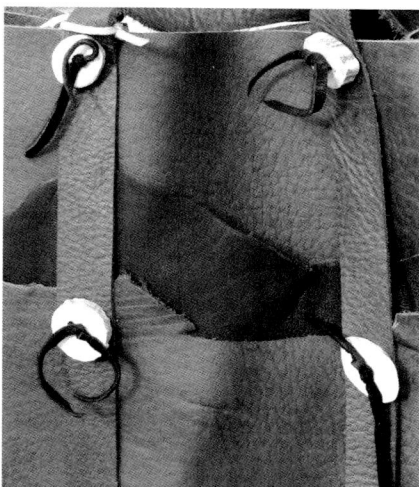

皮具设计

Leather goods Design

中国高等职业技术教育研究会艺术设计类专业协作委员会/组编

◎主　编：李　贞
◎副主编：史丽侠
◎参　编：叶颖颖
　　　　　童　希
　　　　　罗德宇
　　　　　吴君君

湖南大学出版社

内容简介

　　该教材强调实践操作，将皮具设计主要分为皮具造型基础知识、男式皮具设计和女式皮具设计三个单元。其中后两个单元分别科学细分为皮鞋设计、皮包设计、皮带设计三个部分。每章均精选具有代表性的经典款式逐条分析、引导，并提炼设计思路后再进行归纳总结，是一本实践性较强的皮具设计专业教材。

　　高等职业教育艺术设计类专业教材，亦可供皮具设计工作者参考。

图书在版编目（CIP）数据

皮具设计/李贞主编. —长沙：湖南大学出版社，2008.12
（高等职业教育艺术设计类专业实践教材）
ISBN 978-7-81113-501-5
Ⅰ．皮... Ⅱ．李... Ⅲ. 皮革制品—设计—教材 Ⅳ.TS56.
中国版本图书馆CIP数据核字（2008）第213391号

高等职业教育艺术设计类专业实践教材

皮具设计

Piju Sheji

主　　编：李　贞

总 主 编：张小纲　陈　希
策　　划：李　由　胡建华

责任编辑：刘　旺
责任印制：陈　燕
设计制作：周基东设计工作室
出版发行：湖南大学出版社
社　　址：湖南·长沙·岳麓山　　邮编：410082
电　　话：0731-8822559（发行部）　8821174（艺术编辑室）　8821006（出版部）
传　　真：0731-8649312（发行部）　8822264（总编室）
电子邮箱：hjhhncs@126.com
网　　址：http://press.hnu.cn
印　　装：长沙市精美彩色印刷有限公司

规　　格：889mm×1194mm　16开
印　　张：8　　　　　　　　字数：270千
版　　次：2009年2月第1版　　印次：2009年2月第1次印刷
印　　数：1～4 000册
书　　号：ISBN 978-7-81113-501-5/J·139
定　　价：38.00元

ART
DESIGN

示范性高职院校工学结合课程建设教材

参 编 院 校

深圳职业技术学院	黑龙江建筑职业技术学院
广州番禺职业技术学院	青岛职业技术学院
长沙民政职业技术学院	北京电子科技职业技术学院
天津职业大学	温州职业技术学院
武汉职业技术学院	江西陶瓷工艺美术职业技术学院
南宁职业技术学院	湖南工艺美术职业学院
宁波职业技术学院	湖南科技职业技术学院

合作企业与行业协会

香港兴利集团	南宁被服厂
香港艺宝制品有限公司	南宁乔威服装有限公司
美亿珠宝（香港）有限公司	湖北博克景观艺术设计工程有限公司
广州美联广告有限公司	湖南龙天文化传播有限公司
广州新英思广告有限公司	湖南中诚建筑装饰工程有限公司
深圳家具研究开发院	湖南新宇装饰工程有限公司
深圳市景初家具设计有限公司	长沙大银文化传播有限公司
深圳市华源轩家具股份有限公司	善印行数码快印行
深圳仙路珠宝首饰有限公司	景德镇新空间设计中心
深圳市浪尖工业产品造型设计有限公司	北京大汉文化产业有限公司
东莞华伟家具有限公司	广东省包装技术协会设计委员会
圆通设计	广东省商业美术设计行业协会
浙江瑞时集团	广州工艺美术行业协会
杭州异光广告摄影机构	深圳市工艺美术行业协会
宁波美达柯式印刷有限公司	深圳市家具行业协会
宁波杨旭摄影设计工作室	宁波平面设计师协会
温州瑞安兄弟连设计机构	湖南省设计艺术家协会

◆李　贞

现任温州职业技术学院轻工系鞋样专业鞋靴造型设计课程专职教师。2003年至今，先后在温州申宝鞋业公司、温州康泰鞋业等公司学习系统鞋样造型知识，在温州市鹿城区贵足鞋业担任鞋靴设计工作，积累了丰富的教学和实践经验。主持研究浙江省教育科学规划年度研究课题"鞋靴造型课程信息化教学的研究"、"鞋靴造型课程项目化教学改革"和"女靴造型实用性研究"等多个科研项目，发表了《男鞋帮面创新设计鳞爪》《概念鞋创作因素浅析》《对男鞋公式化作图的可行性探讨》等多篇论文。

总序

　　深化以工学结合为核心的人才培养模式改革，是当前我国高职教育加强内涵建设的重要内容，也是实现高等职业教育人才培养目标的重要保证。作为一种以理论与实践紧密结合为特征的教育模式和教育理念，工学结合强调高职教育的人才培养工作要以职业为导向，充分利用学校内外不同的教育环境和资源，把以课堂教学为主的学校教育和直接获取实际经验的校外工作有机结合起来。落实工学结合教育模式的关键，不只是如何安排学生下企业顶岗实习，或让学生在毕业前到企业顶岗多长时间的问题，而是怎样将这种教育理念贯穿于学生培养的全过程，渗透到学校人才培养工作的方方面面，这其中就包括我们的课程建设和教材建设。

　　教材是实施教学计划的主要载体，也是专业教学改革和课程建设成果的具体体现。长期以来，我国高等职业教育教学改革和课程建设之所以一直未能跳出学科体系的藩篱，摆脱基于学科体系教学模式的束缚，使得作为体现高职教育特色的实践教学教材也难脱窠臼，其关键问题就在于我们的教学改革、课程建设和教材建设还没有真正贯彻工学结合的教育理念，严重脱离企业生产的实际，始终不能适应职业岗位的真正需要。令人欣喜的是，深圳职业技术学院、广州番禺职业技术学院、长沙民政职业技术学院、宁波职业技术学院等院校联合主编了一套高等职业教育艺术设计类专业实践教学系列教材，令人耳目一新。选择实践教学教材作为突破口，努力将工学结合的教育理念贯穿于教材建设之中，将教学改革和课程建设的成果直接体现于教材建设之中，更是令人振奋不已。

　　我一直认为，艺术设计类专业是创造性很强的专业，而相对于工科专业来说，这类专业在贯彻工学结合上应该难度更大，更不容易落实。然而，这套教材的编辑出版，令我消除了这方面的疑虑，也更增强了我对高职教育深化以工学结合为核心的人才培养模式改革的信心。这套教材的特色十分鲜明。在教学内容的选择和编排上，以企业生产实际工作过程或项目任务的实现为参照来组织和安排；在编写方法上，多采用项目导入模式来编写，以实际工作项目及鲜活的设计案例贯穿全书。整套教材全部由具有实践教学经验、企业实际工作经验丰富的"双师型"教师来编写，尤其注重吸纳企业生产一线的专家、设计师和技术人员参加，从而确保了教材内容能够与企业生产实际紧密结合，这无疑是校企合作的重要成果。更为可喜的是，这套教材主要由国家示范性高职院校的相关专业带头人或骨干教师领衔主编，充分反映了近年来，尤其是示范院校建设以来各参编院校艺术设计类专业在工学结合理念指导下进行教学改革和课程建设的成果。总之，我认为这套教材贴近生产，贴近技术，贴近工艺，操作性强，且图文并茂，形式新颖，深入浅出，具有很强的实用性和针对性。不仅是一套高职教育艺术设计类专业实践教学的好教材，而且也是高职艺术设计类专业学生进行自我训练和自主学习的优秀实训指导书。

当然，这套教材毕竟是以工学结合理念为指导进行教材编写的尝试之作，其中难免还有一些不成熟之处，比如在项目、案例选择的典型性，知识介绍的简约性，考核内容的科学性，文字表达上的可读性等方面还有值得提升的空间。但这套教材中所贯穿工学结合的理念和改革的方向，是值得广大高职教育工作者学习和借鉴的。我相信，按照这样一种思路和方向不断坚持探索，高职教育的课程建设和教材建设一定能结出累累硕果，高职教育的人才培养质量一定能不断提升。

2008年8月

姜大源　教育部职业技术教育研究中心研究员、教授
中国职业技术教育学会职教课程理论与开发研究会主任

目录

高等职业教育艺术设计类专业实践教材

第三单元　女式皮具设计

单元提要

第一单元
造型基础知识

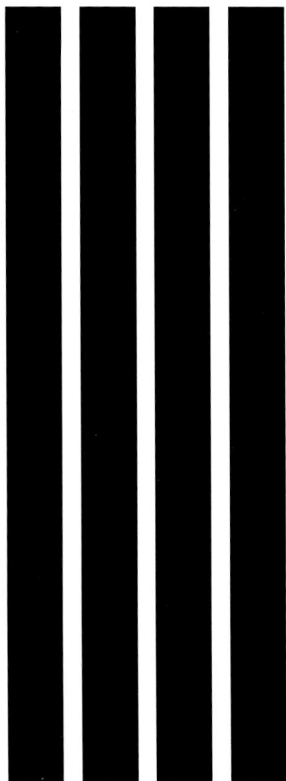

皮具款式设计效果图因内容和表达的目的不同而有不同的表现形式，各种各样新材料的出现也给设计师带来了越来越多的表现手法。同样的表现内容，运用不同的绘画工具和材料，其效果完全不同。

高等职业教育艺术设计类专业实践教材

1 工具与材料

效果图因所用工具和材料的性质的不同而产生不同的艺术效果。因此，熟练掌握各种工具和材料的特性是设计师画好效果图的前提。

1.1 颜料

1.1.1 颜料的定义

皮具效果图中，颜料是一种具有装饰和保护作用的有色物质，它不溶于水、油、树脂等介质中，通常以分散状态出现，可用于油墨、塑料、橡胶、陶瓷、造纸等工业中，使这些制品呈现各种颜色。它具有遮盖力、着色力，对光相对稳定，常用于配制涂料、油墨以及用于塑料和橡胶的着色，因此又可称为着色剂。

1.1.2 颜料的分类

颜料不同于染料，一般染料能溶解于水或溶剂中，主要用于纺织品的染色；而颜料一般不溶于水。不过这种区分也不十分精确，因为有些染料也可能不溶于水，而颜料也有用于纺织品的涂料印花及原液着色的。颜料从化学组成来分类，可分为无机颜料与有机颜料两大类；就其来源又可分为天然颜料和合成颜料。天然颜料可分矿物来源和生物来源两大类：以矿物为来源的天然颜料有朱砂、红土、雄黄、孔雀绿、重质碳酸钙、硅灰石、滑石粉、云母粉、高岭土等；以生物为来源的天然颜料有来自动物的胭脂虫红、天然鱼磷粉等，以及来自植物的藤黄、茜素红、靛青等。合成颜料通过人工合成，如钛白、锌钡白、铅铬黄、铁蓝、铁红、红丹等无机颜料，以及大红粉、偶氮黄、酞菁蓝、喹吖啶酮等有机颜料。颜料按其功能可划分为防锈颜料、磁性颜料、发光颜料、珠光颜料、导电颜料等。以颜色来分类也是一种方便而实用的方法，可将颜料分为白色、黄色、红色、蓝色、绿色、棕色、紫色、黑色等，而不必顾及其来源或化学组成。

（1）水粉

水粉画法是最传统的作图方法之一。水粉画的表现形式兼有多种艺术效果：可以创作出类似于水彩画的轻快淋漓的透明感；可以堆积出像油画那样结实浑然的厚重感；能有中国画的水墨意趣；甚至可以像版画一样平铺设色。水粉颜料的颜色大部分是比较稳定的，如土黄、土红、赭石、橘黄、中黄、淡黄、橄榄绿、粉绿、群青、钴蓝、湖蓝等。但是，水粉颜料中的深红、玫瑰红、青莲、紫罗兰等颜色就极不稳定，容易出现翻色，不易覆盖。水粉颜色的透明色彩种类较少，只有柠檬黄、玫瑰红、青莲等少数几种颜色。要画好水粉画，就必须充分掌握水粉各种颜料的个性，了解它的受色能力的强弱、覆盖能力的大小、色阶的高低。只有通过不断实践，才能做到熟能生巧。

（2）水彩

水彩是一种经水调和画在纸上的透明和半透明的颜料。纸的底色依然在起作用，因而具有透明、轻快、滋润、流畅以及水色淋漓的特点。

画水彩挺有意思，有太多的偶然因素决定了画的质量。画水彩更像是在水中画画，纸面上浮上薄薄的一层水，颜料在其中自由地游动，各种颜色互相渗透。颜料和画纸也是影响作画效果的重要因素，并且受画者的情绪所左右。水彩最致命的弱点是色彩很难像油画那些丰富多样，透明度高，如色彩重叠时，下面的颜色很容易透出来；但水彩画面可以呈现奇幻的效果，如颜色的沉淀美感和各种特殊肌理，还容易表现自然空间。

水彩的沉淀和肌理效果在表现方面独一无二。水彩的纯度和透明度可以通过水分来调控，但要考虑水分与颜料的合理搭配，这样才能将水彩的特性体现出来。如果将水彩的颜色一次性涂浓了，再想修改成别的颜色就很困难了。要表现白色的画面，按照纸张的原色保留下来即可。

（3）丙烯颜料

丙烯颜料中的镉黄、镉红、钴紫、锰蓝、钴绿毒性很低，其他颜色则相对无危害。丙烯颜料可以画在金属、竹木、塑料、布料、玻璃等物品上，丙烯颜料是目前适应多种材质的颜料。

丙烯颜料是一种很好的颜料，可用水来调开，但是它干透之后就不再溶于水了。丙烯颜料适合画在织物纤维上，可以厚涂或薄涂。丙烯颜料干燥后耐水性较强，可大胆地做色彩重叠，而很少出现色彩不均匀的现象，使用起来较为方便；但其干燥速度较快，容易损伤画笔以及调色板等工具，因此使用后要及时清洗画具。

根据丙烯颜料稀释程度的不同，可以画出淡如水彩、浓如油画般的效果。厚涂像油画，薄涂像水彩。如果想做出烫画般的效果，就用厚涂，即用几滴水来调和颜料就可以了。在操作过程中尽量涂得均匀一点，线条特别密的地方涂得仔细一点，涂得用力一点，让颜料充分渗透进鞋服纤维中。

1.2 画笔

皮具设计表现的用笔可分硬笔和软笔两大类。硬笔指铅笔、钢笔、针管笔等，以描绘线条为主，因为其携带方便而成为绘制简易效果图的主要工具。软笔多用于色彩的表现上，如水彩水粉笔、油画笔、尼龙笔、底纹笔等。特别要注意的是现代运用得比较广泛的设计用笔，如油性或水性记号笔、塑料水彩笔、水溶性铅笔等，这些工具既可以勾画线条又可以作色彩处理，非常方便。

硬笔主要有以下几种类型：

（1）木质铅笔

H～6H系列称为硬铅，容易在画纸上留下划痕。"H"即英文"hard（硬）"的开头字母，代表黏土，用以表示铅笔芯的硬度。"H"前面的数字越大（如6H），铅笔芯就越硬，即笔芯中与石墨混合的黏土比例越大，写出的字越不明显，常用来复写。HB以上的称为软铅，能够产生厚重且变化多端的线条，使用较多。"B"是英文"black（黑）"的开头字母，代表石墨，用以表示铅笔芯质软的情况和写字的明显程度。以"6B"为最软，字迹最黑，常用以绘画。

　　*1564年的某次风暴过后，人们在树根下发现了一种黑色矿物质。只要轻轻在物体上一画，就可以留下一道黑色的印记，它就是"石墨"。后来有人把它制成棒形，用于在包装上画记号。1781年，德国化学家法伯经过多次实验，将石墨粉与硫磺、锑、松香混合在一起，制成糊状后再挤压成条形，这就是铅笔的雏形。受此启发，人们又将石墨块切成小条，用于写字绘画，这就是最早的铅笔。但是用石墨条写字既容易弄脏手，又容易折断。给铅笔套上木杆外套的任务是由美国工匠门罗来完成的。他先造出了一种能切出木条的机器，然后在木条上面刻上细槽，将铅笔芯放入槽内，再将两根木条对好、黏合，笔芯被紧紧地嵌在中间，就成了铅笔。

　　（2）彩色铅笔

　　彩色铅笔与铅笔一样，容易控制，并且还能用橡皮等工具进行修改。对画面进行细致的描绘时，仔细地重叠色彩可以创造出其他绘画材料所没有的独特画面，很适合初学者使用。

　　彩色铅笔的铅芯有两类，一类是蜡制的，比较软；另一类是粉质的，有点发脆。还有一种水溶性彩色铅笔，加水后，笔触处会稍微融化开来，产生类似于水彩的混合效果。

　　（3）自动铅笔

　　自动铅笔的特点是笔芯硬，画出的线条均匀细腻，但没有粗细变化。0.3 mm、0.5 mm的笔芯可根据个人喜好来选择。但是下手过重，容易把笔芯折断，也不适合大面积地填涂画面。

　　（4）炭笔

　　用炭材料作笔芯，画出的线条更黑，视觉对比效果更强烈。

　　炭笔的特点是较好掌握，便于修改，用线、用面，皴、擦、点、染，无所不能。炭精条、木炭条宜画大幅画，即在宣纸、高丽纸、绘图纸上作画。其特点是变化丰富，表现力强。炭精条、木炭条侧倒可表现立体画面的光影变化，还可用手指揉擦，表现不用质感和不够丰富的色调层次。炭笔种类繁多，除了木炭条外，更有以炭粉加胶混制成的各种炭精笔。炭笔不仅可表现出较铅笔更深的暗色调，更易于大面积涂抹画面。

　　（5）钢笔

　　钢笔的笔尖也有粗细，直尖、弯尖之分，可以用于表达不同的绘画效果。钢笔携带方便，效果简洁明了、气韵生动，可偏重发挥钢笔"流畅的线条"的特性，因此是最受作者欢迎的作画工具之一。因为墨水是无法擦拭的，因此要求设计师先用铅笔勾画轮廓，再用钢笔快速描绘。

　　（6）针管笔

　　针管笔原为工程制图的描图笔，按笔头粗细不等分为一系列型号，常用的多为0.1～0.6 mm，配一两支即可。购买时注意选择耐磨性较好，不漏墨水，不会出现污溅的笔头；笔头要防干；墨水不易被擦掉，防晒，不褪色，防伪，防水。

（7）记号笔

一般多用圆头油性记号笔，适合表面书写，其快干、耐水、不褪色的开创性色素环保型墨水配方，可用来勾勒轮廓或在皮具造型明显转折的地方做记号。记号笔具有色彩鲜艳，书写清晰流畅的特点，并具有极强的防晒、防水、覆盖能力强等性能。记号笔的外观为流线型设计，结构合理，墨水颜色通常有红、蓝、绿、黑等四色，有盒装和吸卡包装两种。

（8）软笔

水彩、水粉等水性颜料要通过软笔上色、渲染和勾线。软笔、纸、颜料和水等四个因素的综合运用可以产生极其丰富的表达效果。

毛笔按笔头的材质及性能来分可分为软毛笔、硬毛笔；按笔头形状来分可分为圆形、平头、棒形、扇形画笔等。

①软毛笔。软毛笔的品种很多，如按笔头的用材和性能分类，主要有软、硬之分。毛笔是软笔中运用最多的品种，由羊毛、兔毛制作，起笔柔软，含水量多，宜作大面积平铺渲染。

*毛笔起源于公元前1600～1066年。现代毛笔的原料主要是兽毛和竹管。在文具工厂里，毛笔的制作要经过72道工序。例如选毛就很麻烦：一只山羊身上的毛可分为19个等级，可以用来制笔的只有5种。工人们要从千千万万根羊毛、兔毛、狼毛（黄鼠狼毛）中一根一根地挑选，然后进行搭配组合，可见生产一支毛笔是多么不容易。就原料和特点来看，毛笔可以分为软毫、硬毫、兼毫三大类。软毫的原料是山羊和野黄羊的毛，统称羊毫，写起字来柔软圆润。

②硬毛笔。硬毛笔多用黄鼠狼毛、貂毛等制作，其特点是有弹性，含水量少，画出的线条苍劲有力，可用毛笔中的硬毫或鬃毛笔等取代。鬃毛笔多为猪鬃，弹性强、结实、有强度，着色时常会留下鬃毛印痕，能挑起浓稠的颜料。作画时可搓、擦、刷，一般不会出现笔毛粘在一起的现象，多用于厚实的、有笔触肌理的画法。

从笔头的形状来看毛笔又有圆形、平头、棒形、扇形之分，圆形适于作线，平头适于作面，还有一种扇形可作肌理效果。

①圆形画笔。是最古老的一种油画笔。它有一个钝的笔尖，可用来制作较圆润柔和的笔触。小号圆形油画笔可用来勾线，侧锋使用能出现大面积的模糊的色晕，也可用于点彩技法。

②平头画笔。扁身平头油画笔直到19世纪才出现。它主要用于制造宽阔、拖扫式的笔触。例如，可用平头侧边画出粗糙的线条；转动笔身进行拖扫式用笔，可出现粗细不均的笔触。

③棒形画笔。扁身圆头，又叫"猫舌笔"。兼有圆头、扁平两种画笔的特性，但难以控制。在表现曲线状的笔触时，可获得一种更优雅、更流畅的效果。

④扇形画笔。属于新型特制油画笔，笔毛稀疏，呈扁平的扇状。用于湿画法中的轻扫与刷，或柔化过于分明的轮廓。喜欢薄画法的设计师常使用这种画笔。使用扇形笔揉色时，必须保持其清洁，否则会妨碍它的灵巧性。

（9）马克笔

马克笔是一种溶液性的干性媒介，在设计领域中被广泛使用。具有速干、稳定性高、色彩丰富明亮、换色方便的优点，是一种效率较高的绘图工具。马克笔种类很多，分为水性马克笔、油性马克笔和酒精性马克笔3类。油性马克笔具有渗透性，挥发较快，具有较强的黏附力，适用于任何材质的表面。不同色泽的油性马克笔可相互调和使用，也可与水性马克笔混合使用，而不破坏马克笔的痕迹。油性马克笔可反复涂画，光泽度好。水性马克笔没有渗透性，其颜色遇水即溶。

马克笔的作画步骤及基本技法：

①准备。马克笔的一大优势就是方便，快捷，其工具也不像水彩水粉那么复杂，有纸和笔就足够了。一种是普通的复印纸，用来起稿画草图；另一种是硫酸纸（A3），用来描正稿和上色。复印纸等白纸类的纸张吸收颜色太快，不利于颜色之间的过渡，画出来的颜色往往偏重，不宜做深入刻画，只适于草图练习。

②草图。草图阶段主要解决两个问题：构图和色调。其中构图是一幅渲染图成功的基础，不重视构图的话，画到一半会发现毛病越来越多，大大影响作画的心情，自然影响到最后效果。构图阶段需要注意的如透视、确定主体、形成趣味中心、各物体之间的比例关系，还有配物和主体的比重等等。

③正稿。在这一阶段没有太多的技巧可言，完全是基本功的体现，要学会把混淆不清的线条区分开来，形成一幅主次分明、趣味性强的钢笔画。

④上色。大部分颜色上在硫酸纸的背面，这样做一是可以降低马克笔的彩度，因过于鲜艳的颜色可能使画面过"火"，大面积的灰色才能使渲染图经久耐看；另外，背面上色也不会把正稿的墨线晕开，造成画面的脏乱。一个基本的原则是由浅入深。而一开始即用力过度，修改起来将变得困难。在作画过程中要记得时刻把整体放在第一位，不要对局部过度着迷，而忽略整体。

⑤ 调整。这个阶段主要对局部做些修改，统一色调，对物体的质感做深入刻画。这一步需要彩色铅笔的介入，作为对马克笔的补充，用彩色铅笔修改一般不会超过十分钟，因为彩色铅笔和硫酸纸附着效果不好，画多了容易发腻，反而影响效果。因此只能薄薄盖一层。

（10）色粉笔

简称"色粉"，是一种将粉质颜料做大量类似于彩色粉笔绘制效果的绘画工具。可分为粉制色粉笔和水溶性色粉笔两类。

皮具效果图中可以借助色粉笔那种柔和的渐变效果来处理较大面积的色块。使用时，先用工具刀在色粉笔上刮出粉末，然后用棉布或手指将粉末涂在作品中。还可加酒精或其他溶剂，做出各种效果。

1.3 画纸

画纸的种类较多，主要有素描纸、水粉纸、水彩纸、绘图纸、卡纸等。皮具效果图可选用的纸张种类较多，一般以质地结实、吸水适中、不渗透为好。

①素描纸。纹路比较粗糙，最适合用铅笔、炭笔、炭条作画，但用铅笔在一块地方反复涂抹时则会变腻。素描纸滞水性差，用钢笔、水性笔画的时候墨水容易晕开，但因为纹路粗糙的关系，用少量墨水就可以轻松画出沙笔的效果。建议用墨水画的时候，行走线条的速度要快，不

要在一个点滞留。想上色时尽量不要选择素描纸，因这种纸张只要用水过多就会起毛，破坏画面效果。

②水粉纸。纸张偏厚，纹路粗糙，呈圆形印压，有正反两面。这种纸只适合用水粉画，铅笔在上面画不出细腻的线条，更不用说墨线，当然刻意追求纹路效果的除外。

③水彩纸。水彩纸质地很好，够韧性，水分过多也不会皱，纹路自然，但价格相应贵得多。用水彩、水粉、墨线效果都不错，适合画彩稿。用水彩纸画彩稿时最好先裱在画板上，因为不裱的话水分会使纸张变得凸凹不平，影响作画。

④绘图纸。市面上买的大张绘图纸都偏薄，少数高价的除外。绘图纸比较光滑，选择厚一点的画黑白稿相当不错，而且价格便宜。买的时候建议摸一摸纸张，看看手感如何，不要选那种薄到可以看到你放在纸下面的手指的那种。

⑤卡纸。可分为白、灰、黑卡纸。

白卡纸的一面非常光滑，有反光。墨线颜色很清晰，但不容易干。画的时候要特别注意保持画面干净，其好处是多余的墨线可以用橡皮擦掉。反面则和一般的绘图纸质地差不多。

灰卡纸其灰色的一面纹路和绘图纸相近，可以利用浅灰色的底色来画画；白色的一面偏光滑，比白卡纸软，用来裱画也不错。

黑卡纸的一面光滑，一面不光滑。一般用来裱画，粗糙的一面用蜡笔、彩铅、色粉笔画效果也不错，技巧当然是关键。

1.4　其他工具

为了使设计效率提高、表达效果更为出色，在设计表现图的制作过程中提倡和鼓励使用多种工具。例如画板、画盒、调色盒、调色盘、专用水桶、胶水、胶棒、胶带纸、双面胶、画夹、凝固喷物剂、图板、三角板、曲线板、写字板、美工刀等。

2 皮鞋鞋楦设计

在皮具造型设计中，皮鞋离不开鞋楦的设计与开发，而鞋楦的设计与开发恰恰是非常难的，在这一章里，我们将重点讲解皮鞋鞋楦设计的有关知识。

2.1 脚部结构

鞋对人们来说是不可缺少的日常生活用品，随着人类社会的发展，它也由当初人类单一的保护功能发展为特定环境下的消费品。作为设计人员，有责任让人们享受到在不同环境下皮具给人们带来的功能上的便利。这就要求科学、合理地进行设计。影响鞋类产品舒适性的因素主要有五大类：楦型设计、帮样设计、底部件设计、材料的选用及工艺设计。

鞋从属于脚，为脚服务。脚是鞋的保护单位，也是做鞋的最终目的。为了让脚不受伤害，又要保证其运动功能，就要了解脚的相关构造，进而设计开发出流行的鞋楦，并在基础上设计出具备流行、舒适、耐用特点的鞋。

鞋的精度要比服装严格，掌握脚型特点，对设计鞋样有着必然的意义。鞋楦作为鞋的母体，要以脚为设计依据，脚的结构、特征都是制作鞋楦的参考。脚是人体运动器官的一部分，与人体其他部分一样，是一个有生命的机体，执行着一定的生理功能，在组织构成和解剖结构上有其特殊之处。脚由神经、血管、上皮、骨骼、骨骼肌与关节组成，它的功能是维持人体静态和动态的姿势与活动，对人体起到支持与平衡作用，即支撑体重、吸收震荡、传递运动等作用。从事任何事物研究都有一定的基本原则，由点到面而后有结果，有了结果也就有了成就，二者之间既是独立又是统一的。从事制鞋设计须从了解脚部结构到设计鞋楦，最后制作成鞋这三个阶段，需要进一步综合对人体结构与运动机能的了解，才能做出结构时尚，穿着舒适的鞋子。除此之外，一双时尚美观舒适的鞋子，只有其零件形态及各种主辅料经一定组合顺序后都合乎设计及制造原理，才能发挥其优良的功能，并且经久耐用。

2.1.1 脚的皮肤及生理功能

脚的皮肤是脚外层的覆盖物，皮肤分表皮、真皮和皮下组织三层，真皮下有神经末梢、血管、汗腺及毛囊等。和其他部分皮肤一样，其功能除保持脚免受外部的侵袭外，还包括汗腺分泌、人体内水分的蒸发呼吸、体温调节和接受外界的各种刺激。

2.1.2 汗腺的分泌和水分的蒸发

汗腺的分布全身不均匀，脚底的汗腺是300～500个，脚背的汗腺是130～200个。汗腺是无色、有咸味的液体，水分约占98%，还有氯化钠、硫等无机物，尿酸尿素、脂肪蛋白质以及不易挥发的脂肪酸等有机物，这些有机物在细菌作用下易分解，对皮肤有刺激作用，对鞋有腐蚀作用。

2.1.3 体温调节
人体散发至外界的热量大部分是通过皮肤来实现的，脚背比掌面的温度高1～1.5℃。而小腿处比脚部高3～7℃，在外界的温度下降时，当脚表面的温度降到12～15℃时，将易导致感冒；当气温在10℃以下时，长时间浸在水中会冻伤（图2-1、图2-2）。

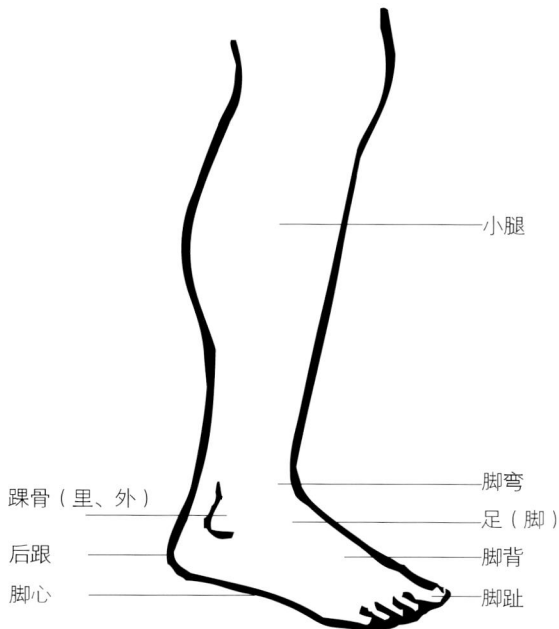
图2-1 脚的外形图

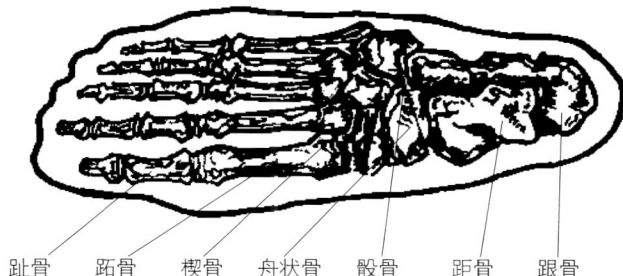
图2-2 脚骨的背面图

图2-3 脚的内纵弓图

图2-4 脚的外纵弓图

图2-5 脚的前后横弓图

脚的骨块相互连接成弓状结构称为脚弓。沿纵向的称为纵弓，沿横向的称为横弓。脚的纵弓有两个：在内侧的称为内纵弓，由距骨，舟状骨，三块楔骨和第一、二、三跖骨构成；在外侧的称外纵弓，由跟骨，骰骨和第四、五跖骨构成。脚的横弓也有两个：前横弓和后横弓，前横弓由跖趾关节构成；后横弓由三块楔骨和骰骨构成（图2-3、图2-4、图2-5）。

脚依靠脚弓的结构和附着的韧带而产生弹性。人在站立或行走时，内、外纵弓和后横弓始终保持弓状结构，但前横弓却会发生变化。当人静止站立时，前横弓保持弓状；在行走时，当人的重心移到跖趾关节部位的一瞬间，前横弓的弓状就消失，重心继续往前移动，前横弓又恢复其弓状。若脚前横弓部分有关韧带受到损害，将失去弹性，前横弓下塌后，将会引起后横弓和内外纵弓下塌，形成平脚。平脚的掌面是完全触及地面的，使脚的骨骼相互移动和走样，因此，平脚患者长时间站立或行走，脚部就会感到劳累和疼痛，影响身体健康和工作效率。

由于构成脚的骨骼多而肌肉少，脚部的正常运动仅限于跖趾部位和踝关节部位的纵向运动及脚部形态上的变化，所以脚的动作变化和形态变化比较稳定，也较容易分析。脚的造型研究能为我们提供皮具和绘制皮具效果图的科学依据。

009

2.2 楦的知识

鞋楦是一种鞋类生产和设计必须使用的母体，作为鞋的母体的鞋楦是以脚型为基础的，是在脚型的基础上根据市场流行和生产需要制作的母型。鞋楦既是鞋的母体，又是鞋的成型模具。

鞋楦，是用来辅助鞋类成型的模具。楦的设计是以脚的各部位数据为基础的，从鞋类设计的角度讲，它是属于第一位的。楦型设计的好坏，直接影响成鞋的美观及舒适与否。首先，脚有四弓，即前、后横弓，内、外纵弓。脚在运动过程中，四弓发挥弹簧作用，减缓地面反冲力。设计楦型时如果前掌凸度过大，长期穿用这种楦做的鞋，将会导致前横弓韧带受损，失去弹性，使其下陷，继而引起后横弓、内纵弓下塌，形成平脚。平脚易使患者在长时间运动及站立中劳累疼痛。在设计前掌凸度时，要以人脚为依据，针对前后跷进行设计。前跷，以脚的自然跷度为依据，成年人的前跷高度一般控制在15°～18°，过高，将导致前掌凸度过大。后跷越高，前掌凸度越小，前跷也越小，这样才能保证前掌的着地面积，使穿用者不至崴脚。其次，跖趾关节是承受人体重量和劳动负荷的主要部位之一，又是行走时发生弯曲的关键部位，楦跖围尺寸及脚体安排是否合理，将影响穿着的舒适性及鞋的使用寿命。如果跖围过大，导致脚在鞋内产生移动，也不利于行走。楦后跷高度一般在20°～40°比较合适。

2.2.1 楦的历史

从世界范围来看，鞋楦的出现较之鞋的出现要晚些，因为人类早期的鞋子制作工艺比较简单，即使不用鞋楦也能制作出鞋子。比如，原始人穿的鞋子就是直接把兽皮捆绑在脚上，这样的鞋根本用不着鞋楦。鞋楦是制鞋工艺发展到一定阶段的产物，是伴随着制鞋工艺的提升而相应诞生的。

公元前1世纪赫克兰内姆（意大利西南部古城）壁画上有制鞋人从鞋内往外拔鞋楦的形象。1855年美国开始有机制鞋楦。直至20世纪，才有制楦工业。现代皮鞋楦的诞生则是在英国工业革命晚期。1961年在新疆民丰县尼雅城遗址出土两只唐代木楦：一只为男用鞋楦，长24 cm，宽8 cm；另一只为女用鞋楦，长21.5 cm，宽7 cm，其做工已经非常精细，但无左右脚之分。加拿大多伦多"拔佳鞋类博物馆"（He Bata Museum）有一只法国百年战争时期的木制鞋楦（约1461年），左右脚已经开始有所区分。

中国最早的制楦作坊是1851年上海王阿荣开设的王记鞋楦作坊。我国的鞋楦设计，从封建社会中期开始一直到清王朝结束，一千多来年始终没有取得大的发展，这与我国当时的社会生产力的发展水平密切相关。与中国不同的是，在欧洲文艺复兴之前，鞋楦设计水平与我国的相差不大；但是文艺复兴以后，尤其是在欧洲工业革命之前，西方人以科学的实证主义精神取代了中世纪沉闷的封建宗教束缚，近代自然科学蓬勃兴起，西欧国家的鞋楦制作技术在这一时期超越了我国。早在19世纪初期，世界各地的皮鞋制造技术就已经大致具备现代特征。1880年，世界公认的第一双现代皮鞋诞生在英国已故王妃戴安娜的故乡——北安普顿郡乡间的巴顿小镇雅查·佰佳士父子开的皮鞋作坊里。

鞋楦有木制、塑料和金属鞋楦3种。鞋楦设计原则是以脚形为基础，按照鞋号尺寸系列标准，根据鞋的结构、工艺和款式而制作。

2.2.2 楦的设计体系

（1）南欧。以意大利和西班牙为代表，这一分支的特点是楦型偏瘦、造型时尚，女鞋尤其如此。近40年来，以意大利为代表的南欧时尚女鞋一直引领世界潮流。这一地区处于地中海沿岸，温暖湿润的地中海气候要求鞋子透气、轻薄，再加上意大利是文艺复兴的发源地，艺术设计水平世界一流，所以这一流派以时尚设计见长。另外，意大利与法国接壤，鞋楦设计方法与法国大体一致。

（2）中欧。以法国、德国、捷克、瑞士、比利时为代表，它们的鞋样大部分采用法码（德国皮鞋楦英码、法码并用，捷克用法码和捷克码），所以法码又称欧洲大陆码。中欧的鞋楦设计以男楦设计为主，不过一些高档女楦也设计得非常出色。

（3）北欧及东欧。由于当地气候寒冷，因此鞋楦偏肥，略显厚重。北欧国家冬季漫长，人们的消费理念为舒适、自然、安全、环保，鞋类消费品种以棉鞋、皮靴为主。以丹麦的ECCO（爱步）为代表。除俄罗斯采用法码之外，其他国家一般采用英码，但是楦底样设计数据接近法国。

（4）其他国家。也是以欧洲为原形加以演化。20世纪70年代以后，中国内地、日本、东欧诸国、中东伊斯兰国家的楦底样设计均采用公分制，鞋号以脚长为依据，与国际标准鞋号基本相同或稍有差别。其方法一种是黄金分割法，一种是前掌凸点垂线法。

2.2.3 楦的设计内容

鞋楦设计内容包括楦底样设计和楦体设计。

楦底样设计。楦底样是鞋楦设计的基础，是以健康标准脚的脚印图和脚型尺寸规律为依据，结合经验修改确定的。由于脚在动、静、冷、热的情况下热胀冷缩，所以楦底长度必须大于脚的长度。底样设计出来之后，楦体设计就在底样的轮廓上进行。

楦体设计即楦体横断面的设计。设计时，根据楦底样尺寸和有关鞋楦尺寸系列确定各断面部位的高度和角度，然后利用实践经验来描绘楦体的曲线轮廓。在楦体设计中，需根据鞋类和款式对鞋楦的一些关键尺寸作出合理的安排。主要有：前跷高，即楦底前端点在基础坐标中的高度；踵心垫高，楦体前掌凸度部位着地后，在达到要求的前跷高度时踵心部位所垫的高度；后身高，楦体统口后点到楦底后端点的直线距离；踵心凸度，楦底踵心部位点相对于踵心内外宽度点凸起的程度；前掌凸度，楦底前凸度部位点相对于第一跖趾关节内宽点和第五跖趾关节外宽点凸起的程度；统口长，统口前后点之间的直线长度；头厚：楦底脚趾端点部位的厚度；统口宽，统口中间部位的宽度；后跟弧度：楦体统口后点与楦底后端点之间的凸凹程度；统口后高，楦底踵心垫高后，统口后端点至着地面的垂直高度。

高等职业教育艺术设计类专业实践教材

2.2.4 楦的分类
（1）以制作材料分类

按制作材料分，鞋楦可以分为木楦、金属楦、塑料楦等。

①木楦。以木材为原料的全楦简称木楦，此种木楦使用木材都属于特殊的黑油木、白油木、角树、桦木、枫木、相思树等，因此木材之材质有共同的优点：轻便、含钉力强，经最后刨光后光洁度好，本身具有天然纹理，给人以美感，越是著名的大师越偏好于用木材来制作标样楦（图2-6）。木楦的优点有：木质较轻，纹理均匀，易于样品制造；纹路较细致，精修等加工容易完成；加工后外表光滑美观。木楦的缺点有：制造过程中木质遇高温与低温等，易造成变形与龟裂；易于吸收空气中的水分与湿气，因而易改变在收缩过程中缩长度与肥度的比值；不耐高压之生产操作方法；不耐碰而容易变形或缺角；价格比较昂贵。

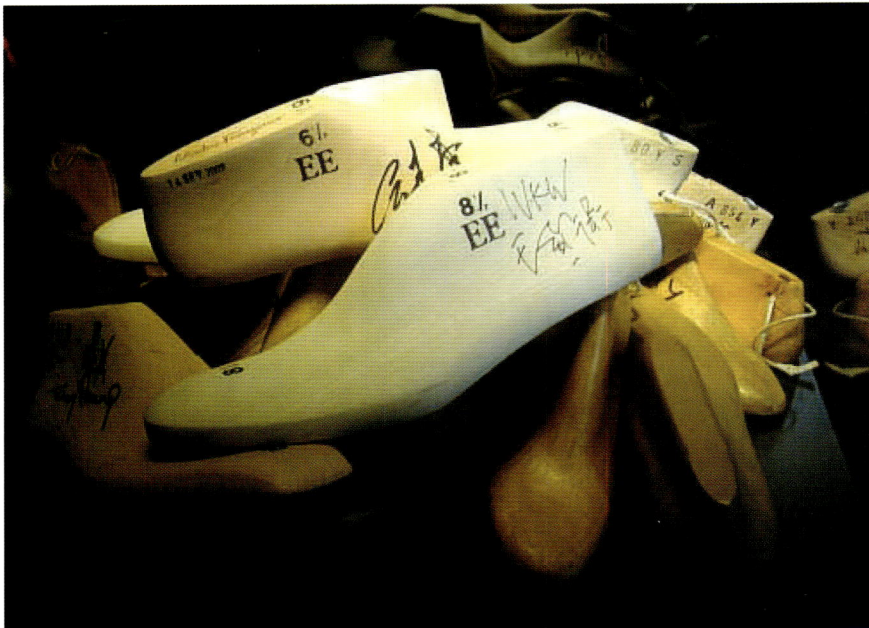

图2-6　木楦图

②金属楦。金属楦以铝为主。模压鞋、硫化鞋、注塑鞋均使用铝楦来生产。铝合金原料之全楦，简称铝楦，是由800℃左右的铝料溶液铸成的鞋楦，很适合大量生产制造线上使用操作（图2-7）。金属楦的优点为：不会吸湿气；不会收缩变形；制造生产快；价格便宜；可回收再制造使用。金属楦的缺点为：比木楦重；操作时容易因碰撞而产生噪音；制造楦中的收缩率不易控制，造成左右脚有异常现象发生；制作过程中因技术不容易掌握，而影响尺寸规格化。

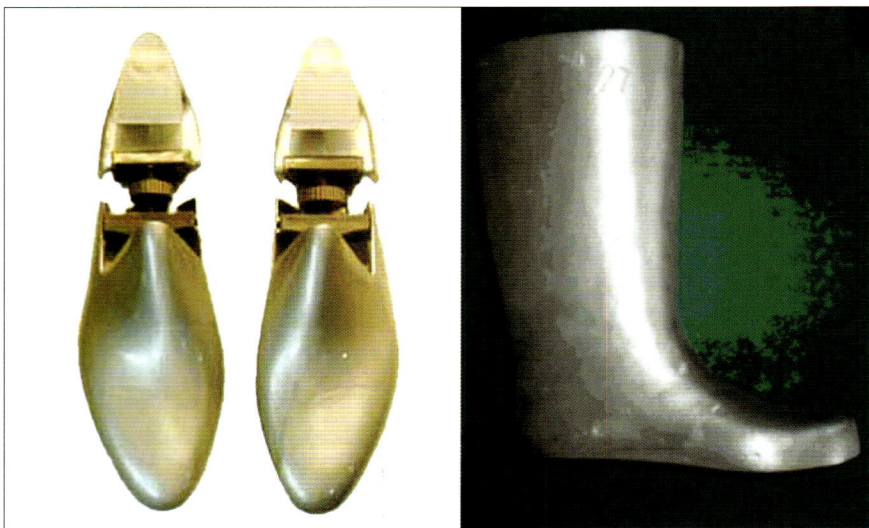

图2-7　金属楦图

③塑料楦。塑料原料之全楦，简称为塑料楦，由一种名叫plhston的塑料制成砖形，再用制楦机修削制造等而完成。99%的鞋楦均采用塑料鞋楦。塑料鞋楦尺寸稳定，不受气候、温度、湿度变化的影响，含钉力强、生产周期短，可回收利用。但其吸水性差，绷紧后干燥时间较长（图2-8-1、图2-8-2、图2-8-3、图2-9-1、图2-9-2、图2-9-3、图2-10-1、图2-10-2、图2-10-3、图2-11-1、图2-11-2、图2-11-3）。塑料楦的优点：不会收缩变形；精密度高；废品可以回收再利用；可长期使用，比较经济；操作与脱楦容易；更适于高级皮具的制造，能保持皮具内部的整洁度；制造成两截式或被盖式等楦易于加工装配五金等。

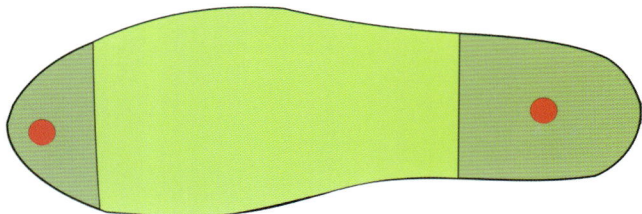

图2-8-1 塑料楦头 / 楦跟装铁板（toe/hed plated）

图2-8-2 塑料楦头/腰装铁板（waist plated）

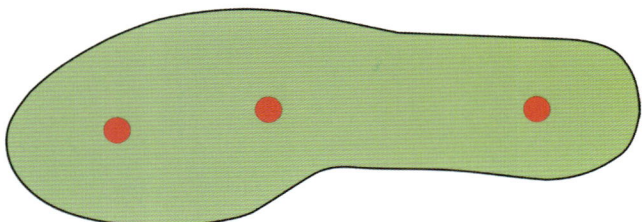

图2-8-3 塑料楦头整体镶铁板（full plated）

图2-9-1 V字形弹簧楦（hinged cast）

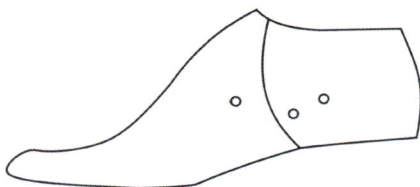

图2-10-1 滑动弹簧楦（sliding hinged last）

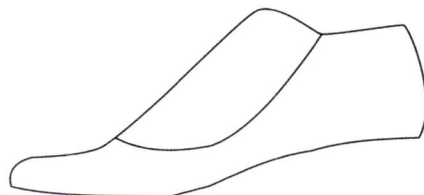

图2-11-1 锯盖楦（scoop Block）

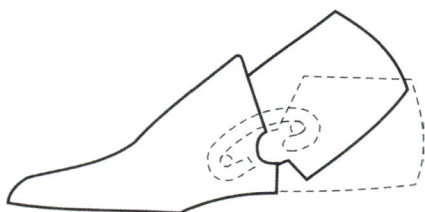

图2-9-2 V字形弹簧楦（hinged cast）

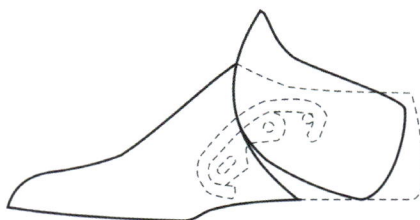

图2-10-2 滑动弹簧楦（sliding hinged last）

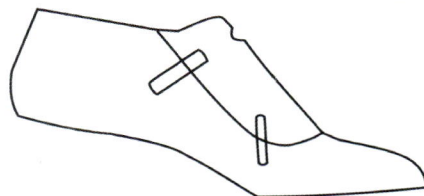

图2-11-2 锯盖楦（scoop Block）

图2-9-3 V字形弹簧楦（hinged cast）

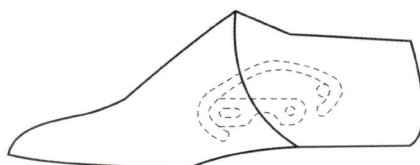

图2-10-3 滑动弹簧楦（sliding hinged last）

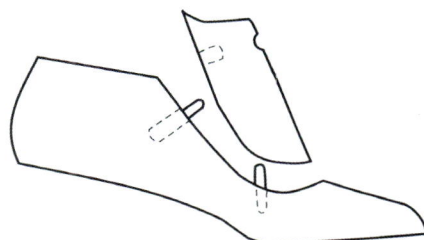

图2-11-3 锯盖楦（scoop Block）

（2）以鞋的穿着对象分类

按鞋的穿着对象分，鞋楦可以分为男鞋楦、女鞋楦、童鞋楦（图2-12）。

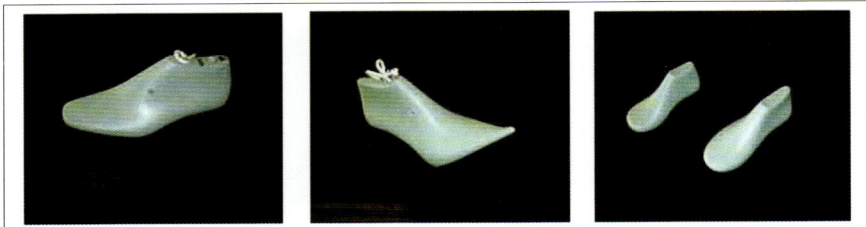

图2-12 男、女、童楦图

（3）以鞋的材料分类

按鞋的材料分，鞋楦可以分为皮鞋楦、布鞋楦、胶鞋楦、塑料鞋楦。

（4）以鞋的功能分类

按鞋的功能分，鞋楦可以分为正装皮鞋楦、浅口皮鞋楦、低腰皮鞋楦、高腰皮鞋楦、靴鞋楦、休闲鞋楦、拖鞋楦、凉鞋楦、运动鞋楦等。

运动鞋楦与皮鞋楦相比较，两者在造型变化上有较大的差异。为了便于脚部的运动，运动鞋楦的前后跷都较小，底心凹度变化也小，使得楦底跷度曲线变化比较平缓。为了提高鞋腔的容脚能力，运动鞋楦遗传围较大，使得楦型饱满，楦体前后帮背中线夹角较大。运动鞋楦后跟弧线曲中较直，里腰窝的楦底棱线也较直。从整体看，运动鞋楦的变化重点在前掌以及前尖部位。从楦头造型看，主要有尖头式、圆头式、方圆头式和方头式四种。

①圆头式。大多用于跑步训练鞋、网球训练鞋、足球鞋的楦型设计。

②方头式。一般用于自行车比赛用鞋的楦型设计，属于较典型的专项运动鞋楦。

③方圆头式。一般用于球类运动鞋，如篮球鞋等的楦形设计。因为前脚尖在落地时受力，稳定性要求较高，方圆头运动鞋楦是运动鞋中使用较多的一种。

④尖头式。一般用于专项田径比赛用鞋的楦型设计。不适宜运动中的过高落地。运动鞋楦头的变化决定了运动鞋的头形，一般来说除非对运动鞋的前尖受力或运动方向有较高的要求，圆头、方头、方圆头可以相互代替。

（5）以鞋楦的制作工艺分类

按鞋楦的制作工艺分，鞋楦可以分为手工制楦、机械制楦。

（6）以鞋跟高度分类

按鞋跟高度分，鞋楦可以分为无跟鞋楦、平跟鞋楦、中跟鞋楦、高跟鞋楦。

2.2.5 楦的基本造型

楦的基本造型千变万化，主要区别在头部，由头型和头式构成，头型——楦体前尖部位的形状，头式——楦体背中线向前方的走势。

（1）鞋楦的头型

鞋楦的头型有尖头、圆头、方头、方圆头、偏头。

①圆头型。基本款式之一，有小圆头、圆头、大圆头型鞋。小圆头主要用于成人鞋设计，流行性较强；圆头是比较常见的种类，用于高档精品鞋、职业鞋的设计，如素头、三节头；大圆头多用于儿童鞋、休闲鞋的设计。

②尖头型。深受时尚男女喜爱，也是引起脚部变形的重要原因。有尖圆头、尖方头、超长尖头型等。超长尖头型又称大尖头，从人的安全角度讲，以超过脚长30 mm为极限。

③方头型。小方头、方头楦多用于时装鞋的设计，大方头楦多用于儿童鞋和休闲鞋的设计，近年来也用于中老年鞋的设计上。

④方圆头。分大、中、小三种，以前多用于儿童鞋，现在也常用在中老年鞋的设计上。

⑤偏头型。是人类最古老的鞋型之一，多用于凉鞋和拖鞋，也用于儿童鞋和时装休闲鞋的设计。

（2）鞋楦的头式

常用的鞋楦头式有平顺式、圆润式、奔起式、下收式、齐头式和铲式。

①平顺式。平顺式一般为流线型，曲线走势平顺、自然，多配合尖头造型，适用于流行鞋款设计。

②圆润式。为儿童鞋、休闲鞋及传统鞋款的设计，多与圆头、方圆头配合，较适合人的脚型。

③奔起式。分鹰式、凸式、前奔式、高隆式。早年多用于军靴、安全靴、劳保鞋的设计，高起部分用来加装厚包头或钢包头，以保护脚趾。由于造型独特，用来设计少男少女鞋、篮球鞋、网球鞋等。

④下收式。用于特殊鞋的设计，如防护皮具等。也用于注塑鞋的设计。其楦底部内收，可使注入的液体更具流动性，从而快速成型。

⑤齐头式。与方头型、方圆头型配合，款式设计比较硬朗。

⑥铲式。多用于高档时装鞋的设计。

2.2.6 中国鞋号及鞋楦尺寸系列

鞋号是指鞋子的号和型。它是鞋子的肥瘦和大小的一种标志，以号表示鞋子的长短，以型表示鞋子的肥瘦。

由于中国鞋号是以脚的实际长度为基础，脚长多少毫米就穿多少毫米号的鞋，而且一个鞋号内，又有几个肥瘦型，消费者只要知道自己脚的长度和肥瘦度，无论在什么地方买任何款式和材料结构的鞋，都是同一种鞋号，所以在中国鞋号也被称作统一鞋号。我国鞋号的特点是以脚长为基础编码制定，采用厘米制。脚长多少厘米，就穿标准多少厘米长的鞋子。如脚长23 cm，就穿23号的鞋。（我国早期主要生产布鞋，叫上海号，尺寸为7寸8、6寸2等，号差1分约等于3.33 cm。中国台湾地区的鞋号是在此基础上将寸变为分，7寸8等于78分，改为法国号时，除以2，就成为39号。）

鞋号一般都标在不明显的位置上，如内杯、口舌里皮上，凉鞋可打在条带里皮上。

①号。中国鞋号以毫米为计算单位，以10 mm为一个鞋号，5 mm为半个鞋号。"号"在表示方法上为"25"、"25.5"。鞋号表示人的脚长，脚有多长，号就有多少，比如：脚长为250 mm，则鞋号也是250 mm。

②码、号的关系。其换算关系是：码数＝号数×2－10。如：25.5号，其相应码数为：25.5×2－10＝41，即41码。其中中码一般指女鞋的36码和男鞋的40码。

③型。型指的是脚的肥瘦及脚背高低，是对脚横向大小的一种计量。为了在更大程度上满足各种脚型的穿着需要，中国鞋号在肥瘦型方面分有一型、一型半、二型、二型半、三型直至五型，每个型的扩缩系数统一为7 mm，半型为3.5 mm。其数据范围为：成年女鞋为215～245 mm，成年男鞋为235～275 mm。

④脚型差异。人的脚型会由于性别、地区、职业、年龄等不同而发生变化。例如：新疆地区男子平均脚长为256.35 mm，居各省之首；而广东地区男子平均脚长则为243.87 mm，在各省中最小，两者相差12.48 mm。江苏省的女子的平均脚长为234.96 mm，在各省中最长；而贵州省女子平均脚长为230.02 mm，在各省中最短，两者相差4.94 mm。

2001～2004年我国完成了第二次脚型测量后，有关专家对分档及中间号提出了修改意见（表2-1）。

表2-1　鞋的分档及中间号

种　类	分　档（mm）	中间号
婴　儿	90～125	110
小　童	130～170	150
中　童	175～205	190
大　童	210～245	225
成年女性	220～250	235
成年男性	235～275	255

2.3　楦的造型

2.3.1　楦头型

皮具头式造型设计实际上是设计师对鞋楦头式的造型设计。楦头形是鞋楦体中最惹人注目的部位，楦头形美观与否也就决定了鞋头的造型效果（图2-13）。

俯视楦头型，主要有圆头、尖头、方头、偏头等几种头式的变化。在每种头式中又可以变化出不同的轮廓外形，如尖圆头、中圆头、小圆头、大方头、小方头等。这种层出不穷的变化，为设计者带来广阔的创作空间。

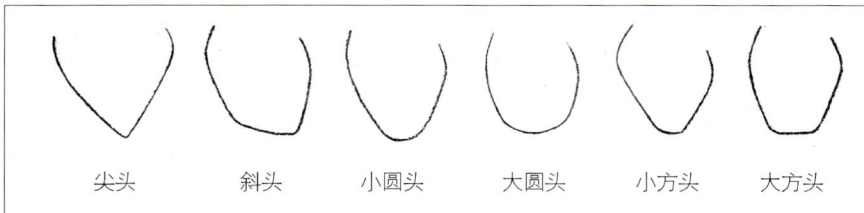

尖头　　斜头　　小圆头　　大圆头　　小方头　　大方头

图2-13　楦头型

2.3.2 楦体型

鞋楦是鞋子的灵魂，它的造型也是根据流行趋势和生产规模而不断变化的，因此鞋楦又具有一定的审美因素，鞋类设计师同时也是楦型的设计师。楦型体现了鞋的整体风格、鞋的造型和式样，更重要的是决定着该类鞋子能否穿着舒适。因此，鞋楦设计必须以脚型为基础，考虑脚与鞋之间的各种关系。如脚在静止和运动状态下的形状、尺寸、受力的变化以及鞋的品种、式样、加工工艺、辅助原材料和穿着条件等。只有了解楦型，才可以更加准确地绘制鞋类效果图。

一双鞋楦是否完美不仅仅取决于它是否合脚、是否舒适，还要看它的造型是否优美，曲线是否流畅。鞋楦设计是鞋类设计之首，对成鞋有着重要的意义。鞋楦设计涉及医学、力学、工艺学及美学等多种学科知识。

（1）楦体单线造型

全因素鞋楦造型虽然完整美观，但实际上由于时间和场地等客观原因的约束，企业里采用最多的还是单线稿造型（图2-14）。

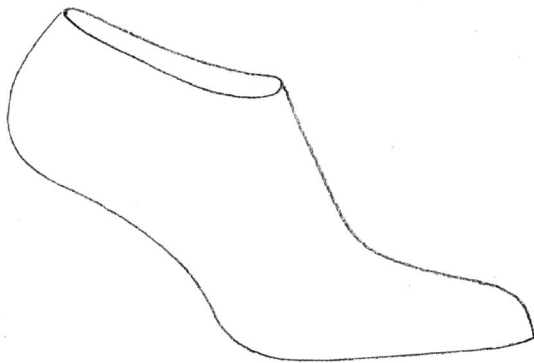

图2-14 楦体单线造型

（2）楦型设计的条件

①主观条件：把握整体造型能力；楦型设计的理论基础；鞋楦造型的基本规律；鞋类产品的制作工艺；艺术修养；制楦工艺技能和材料知识；鞋类产品的流行趋势。

②客观条件：环境、工具、设备、材料等。

（3）楦型设计的原则

①必须以正常人的脚型为依据。

②必须符合制鞋工艺的要求和需要。

③必须将科学性和审美性结合成一体。

④必须符合流行趋势。

3 面料造型

　　材料的选用对皮具舒适性的影响不光是外观的，在很大程度上也是从皮具的卫生性能方面来考虑的。皮具材料中的天然粒面皮革、棉纺织品等具有极佳的卫生性能，因为其材料透气性、透水性、吸湿性较好。

　　重修饰面革、二层革虽然属于真皮鞋材，但其表面覆盖了涂饰物，天然皮革的毛孔被堵塞，所以其透气、透水性能大打折扣。在天然皮革中，最常用于皮具面革材料的有牛革、猪革、羊革，而在同一种动物皮制革中，由于制革工艺的不同，制成的革其性能又有很大不同，可分为正面革、修面革、绒面革、压花面革、部层修面革等。

　　有天然粒面的皮具面革为正面革，如牛正面革、猪正面革、羊正面革。黄牛正面革的革面细致光亮，毛孔小而浅，呈圆形排列，手感丰满而有弹性。马正面革的革面与牛正面革相似，但毛孔呈扁圆形，孔浅且不明显，粒面比牛正面革细腻。马正面革虽革面与牛正面革相似，但其物理性能却与牛正面革相差很大，因此有少数皮具制造者或销售者以马正面革冒充牛正面革，欺骗消费者。猪正面革的革面粗糙，毛孔粗大，且呈明显三个一组的三角形排列。羊正面革的革面细致，毛孔呈鱼鳞状排列，手感柔软而富有延伸性。

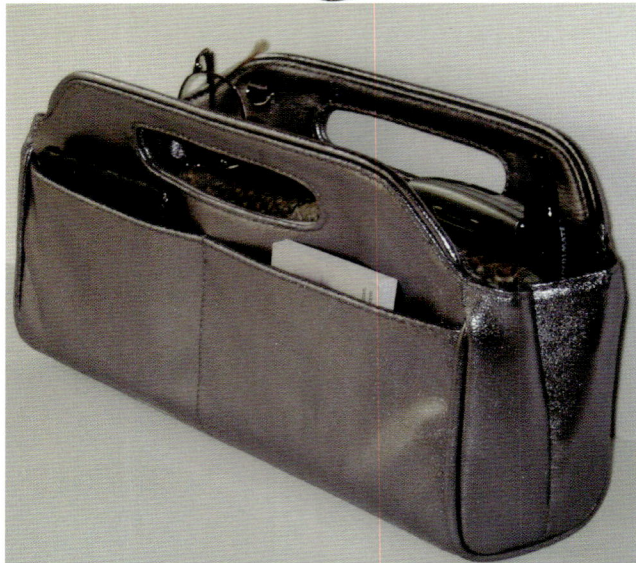

　　以上所有正面革的粒面特性明显，且用手指按压后会有自然纹出现。粒面经过修饰的鞋面革为修面革，如牛修面革、猪修面革。修面革革面色泽均匀、美观、柔和；粒面层修饰后无原有特征，用手指按压后无自然纹出现，因此，皮具外观难以区别。经过起绒的鞋面革为绒面革（包括正反绒面革），如牛绒面革、猪绒面革、羊绒面革。因为面革经过起绒，所以有时候从皮具外观也难以区别。如反绒面革，可通过背面来区别。面经过压花处理的鞋面革为压花面革，如牛压花面革、猪压花面革。

　　效果图中的皮革面料主要指用于制作皮具的天然皮革，一般采用色是猪、牛、羊、马皮制成的革，其主要特征在于它光滑的外观和较强的光泽。特别是皮革制成的皮具，起褶皱的地方容易产生高光，而天然皮革的光感与人造革的光感相比，前者相对柔和而丰满。

　　表现皮革面料的质感，着重在于抓住光泽感以表现皮革的挺、硬效果。一般用斜视的手法去体现，用单色笔以明暗素描的形式往往能取得较好的效果。但要求画作要有一定的素描功底，也可用水彩或水墨的方法去表现。但由于皮革的种类繁多，因此不同种类皮革的表现方法并不相同。

3.1 天然皮革造型

天然皮革是带有真皮层的动物皮革，是一种最接近天然原皮特性的产品。制革中不破坏粒面层，毛孔清晰可见，边面不经涂饰或采用轻涂饰工艺而有自然美观的外观，手感丰满有弹性，可以呈现出各自不同的外观视觉效果。

动物皮毛由生皮到制成革经过了一个复杂的物理加工和化学处理过程，主要工序有浸水、去肉、脱毛、浸灰、脱脂、软化、浸酸，鞣制、复鞣，剖层、削匀、中和、染色、加脂、干燥、做软、平展、磨革、涂饰、压花等。光面革简单来说就是动物由生皮制成革，然后在粒面层用染料（色膏或染水）、树脂、固定剂等材料涂饰制成各种颜色且有光泽、有涂层的皮革。高档光面革粒面清晰、手感柔软、颜色纯正、透气良好、光泽自然，涂层薄而均匀；低档光面革因伤残较多，故涂层较厚，粒面不清晰，光泽度高，手感和透气性都明显变差。

初学者要掌握的是常见的有上光涂饰层的粒面革。这种常见的革质感体现在它的肌理上。剖去其表皮层，如经过修饰的鞋面革为剖层修面革，如牛二层修面革，猪二层修面革。此种面革虽是天然革，但其内在性能已远远不及正面革，且用手指按压后也无自然纹理出现。

天然革中，如果区分不开是哪种动物革，可利用观察革里、面革剖切面，甚至显微镜下观察纤维等方法来区别。

区别天然革和非天然革主要是看革里。天然革的革里是动物纤维，非天然革的革里是纺织布或无纺布。凡用经纬交织的纺织布作底基的称为"人造革"；凡用无纺布作底基的称为"合成革"。最常见的非天然革的皮具面革有聚氨酯人造皮具面革、聚氨酯合成皮具面革、聚氯乙烯合成皮具面革、人造和合成皮具面革。非天然革革面光泽较亮，色泽鲜艳，表面无伤残痕迹，面革厚度均匀一致，革面无毛孔，用手指按压后无自然纹出现。如果将人造革、合成革面革材料制成的皮具与天然皮具面革材料制成的皮具混放到一起，则会有不少人选择前者，原因是其外观好，感官上容易通过。另外，皮具的面革材料如果标明为牛皮，则应理解为皮具的主要部位使用的面革材料为牛皮。为增加皮具的花色品种，降低制作皮具成本等原因，在非主要部位用其他面革材料代替，称为"拼皮"，这在制鞋工艺中是允许的，应与假冒产品区别开来。

3.1.1 牛皮

光牛皮、面牛皮、乌面牛皮产于意大利。光牛皮表面的涂层采用树脂化工材料，树脂内还加入了珠光粉或金属粉，使皮的表面出现金光闪烁的效果。乌面皮的特性与光牛皮相同，只不过表面涂层处理不同而已。光牛皮与乌面皮拼接在一起会体现出交相辉映的感觉，深受广大消费者的喜爱（图3-1）。

水染皮、打蜡牛皮产于西班牙和印度。打蜡皮表面未经任何装饰，只是染色而已，涂蜡水抛光以后表面的皮纹清晰，立体感强、手感光滑。

台湾人喜称水染皮和打蜡牛皮为疯牛皮，大陆则称其为油浸皮，其表面有磨砂效果，但手感光滑，手推表皮会产生变色效果，穿着时更加明显。它适合做粗犷、休闲类的鞋子。

牙签漆牛皮、蜥蜴漆牛皮、鸵鸟漆牛皮、拼图漆牛皮、幻彩漆牛皮、银丝漆牛皮原产于意大利，为树脂复合腊滚涂工艺，表面涂层薄，图案丰富多彩，有惟妙惟肖的仿真效果，皮的弯曲和膜层在常温下4万次以上无裂痕。

牛皮的绘制要求为：牛皮质地浑厚，有原色牛皮、水洗牛皮等多种花色品种。如为平面原色，只要注意线条流畅有力度即可；如为处理过的牛皮，可将处理过的痕迹表达出来，以区别其他效果；如为翻印其他动物的纹路，就画凸出的纹路即可。

图3-1 牛皮实物图

3.1.2 鸵鸟皮

鸵鸟皮原产意大利，也有将牛皮经过压花成鸵鸟皮纹图案的品种。鸵鸟皮花纹独特，颗粒饱满，排列规整，立体感强，颜色有微妙的深浅变化，较其他皮质层次感更加丰富，富有一定的奢华感。但由于其皮质薄，延伸率差，尤其是制作皮鞋时需要夹包等工艺，容易出现迸裂现象，所以一般做包、袋等皮具品为多，偶有在皮鞋上做装饰片使用。当然，为了满足特定消费群体对鸵鸟皮的喜爱，很多时候，皮具设计师通常采用鸵鸟牛皮做皮具。其既有牛皮的特性，又有鸵鸟的美丽皮纹，能达到完美的效果（图3-2-1）。

很多初学者可能会觉得鸵鸟皮纹比其他品种的皮纹多出很多颗颗粒，单纯地涂黑效果又不理想，想深入塑造又似乎不知道从哪里入手，因此制作过程会略显复杂。其实，掌握正确的表现技法，可以在极短的时间内完成鸵鸟皮纹预期表达。鸵鸟皮纹由于其纹路清晰，特征明显，所以在描绘时要先仔细观察，抓住其主要特征。皮纹上面的颗粒状呈现比较规则的圆点状，颜色较周围偏深，成半立体效果，所以在绘制的时候能略微表现一点立体感的话，整体效果会更容易表现。完成皮具的基本造型后，可以尝试先用虚实结合的方法握笔打圈，画出一个有多个层次的小圆圈，注意小圆圈的各个层次的受光面和逆光面必须统一，成自然的片球状。然后，按照菱形排列小圆圈，距离可稍做处理，使其更接近真皮效果。最后，在各个颗粒之间轻描上丝状纹路，代表鸵鸟皮的自然褶皱，能营造出皮质的真实感（图3-2-2）。

图3-2-1 鸵鸟花纹实物图

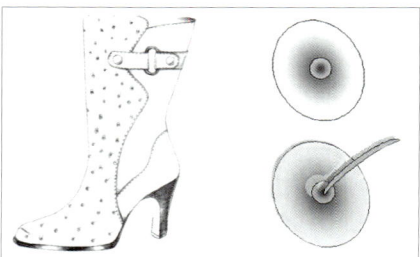

图3-2-2 鸵鸟花纹效果图

图3-3 羊皮花纹实物图

图3-4-1 蛇皮花纹实物图

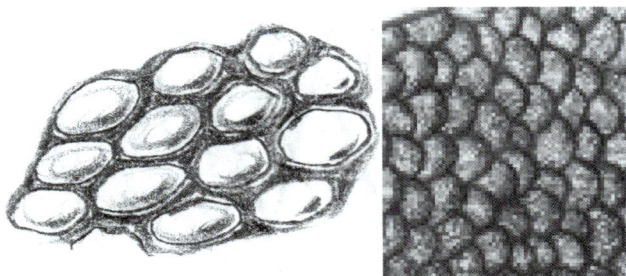

图3-4-2 蛇皮花纹效果图

3.1.3 羊皮

羊皮有暗花羊皮、花纹羊皮、条纹格子皮等。暗花羊皮也称双色效应革，产于西班牙。双色效应是指羊皮的皮纹如大理石般光滑，或如水中的涟漪，尤其制成的产品释放出大自然的美感，无论从哪个角度观看都会使人回味无穷（图3-3）。

花纹羊皮、条纹格子羊皮也产于西班牙，通常皮面经喷漆或印花后，由滚轮压花而成，前者花纹如彩云，后者花纹如棕树的树皮，经设计的产品带有朦胧的色调、诗意的感觉，显得稳重而有活力。

这种皮革的肌理质地较为均匀细腻，在表现其肌理时需注意较缓的过渡高光和一定亮度的柔和的反光。把高光特点和肌理特点把握好，它的质地就可以表现出来；如有褶皱，要注意皱褶间距细而狭长。

3.1.4 蛇皮

市面上流动的多为蛇纹牛皮，原产于意大利，是牛皮涂层采用印花、贴膜工艺，再漆涂压花而成蛇鳞花纹，所以正确的名称应叫蛇纹牛皮革。目前选用的多为蛇纹牛皮革和蛇纹羊皮革两种。蛇皮适宜于水彩、电脑制图和彩色铅笔等绘画形式。蛇皮拥护者们认为蛇皮奔放中带着妖艳，有着不可抗拒的异域风情，由它制作的皮具有着不可阻挡的魅力。蛇皮的外观花纹清晰艳丽，图案独特，而且有一定的韧性，迅速干燥后一般可保持原色彩不变，是适于皮具制作的优良原材料（图3-4-1）。

蛇皮造型的重点可以说主要是如何表现蛇鳞花纹的。设计师在运用蛇皮材料制作包袋及皮鞋等备式皮具时，在设计效果图上通常不会做全画面的皮纹塑造，只在效果图上进行标注即可，除非特殊需要。基本塑造手法是画规则的蛇皮鳞片，成普通圆形，大小均匀，色泽统一，容易掌握。深入塑造可在接近高光处画几朵造型清晰的鳞纹，鳞纹的造型出现较多的一种是相互穿插的五边形或是整齐排列的条形。条形鳞纹根据生长和生产的规律，一般安排在皮具的中间位置。无论是条形鳞纹还是五边鳞纹，鳞纹四周都要空出一个小细圈，涂上淡淡的灰色调，表示蛇皮的表面空隙，突出皮质的层次感，蟒蛇皮纹可视具体的蛇纹颜色做适当的深浅表现（图3-4-2）。

3.1.5 猪皮

猪皮革的特点与牛羊皮差别较大，猪皮革粒面较粗糙，纤维紧密、丰满，韧性较差，在工艺过程中容易撕裂，其制成品虽耐穿，但美观性较差，真皮皮具的内里经常会使用猪皮材料（图3-5-1）。

皮具设计中极少要求设计师表现出猪皮的皮质效果，而与其皮质表面纹路较浅也有一定关联。猪皮材料与其他皮质材料在平面上最明显的区别应在于它的毛孔排列不同。猪皮上的毛孔基本上是成水滴状，三至四个为一组，成对称排列，组成一个小团状，各个毛孔之间的距离虽然接近却也有细微区别，所以在造型时不能太过整齐，突显生硬。要用铅笔自然点画，随意些效果更好。当然，如果表层经过加工，使猪皮的毛孔和粒面都不是特别清晰的话，也不需要做过多的描绘（图3-5-2）。

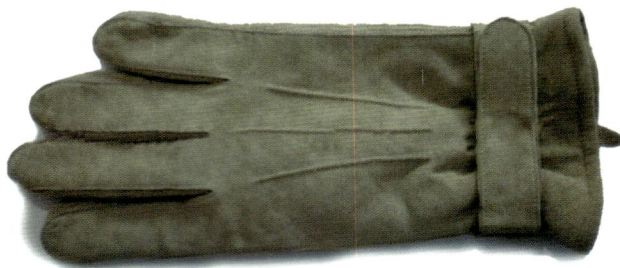
图3-5-1 猪皮花纹实物图

图3-5-2 猪皮花纹效果图

3.1.6 鳄鱼皮

鳄鱼皮的国际贸易已有100多年的历史，在1945～1970年曾达到了顶峰阶段，当时每年国际贸易的鳄鱼皮张超过了300万张，是诸多设计师都非常喜欢用的原材料。鳄鱼皮在皮具运用中极富艺术表现力，具有极强的张力和帝王的霸气，又兼具俊郎的硬汉风格。它不但色泽亮丽，而且表面纹路凹凸变化频繁，产生强烈的节奏感和韵律，手感效果在所有皮质中均为上乘（图3-6-1）。

鳄鱼真皮或仿真皮根据鳄鱼纹的不同特点可加工为高（亮）光鳄鱼纹、大小鳄鱼纹、双色鳄鱼纹、水晶鳄鱼纹、镜面鳄鱼纹、金属鳄鱼纹等不同品种。鳄鱼皮的绘制，重点集中在鳄鱼纹的刻画和塑造上。鳄鱼皮体形狭长，体表覆盖着厚硬的鳞片，粒面特别细致紧密，且高低不平。在组织结构上，腹部与背脊部、体侧部区别较大，腹部鳞片多为四方形，相对较为平坦、柔软、白亮，而背侧部多为隆起的大如蚕豆的鳞，鳞上有大量色素，鳞内有坚硬的骨骼作为支撑。所以鳄鱼的项鳞、背鳞、后枕鳞等部位归纳起来有四方形、六边形与卵圆形等不同的颗粒造型。造型时先画出鳞片的外轮廓，然后留一条空隙往鳞片内侧画起伏的立体感。要注意鳞片面积较小和数量较多这一特点，在描绘外轮廓时面积要适当放大，塑造立体感时主要抓住明暗交接线细致描绘，即可得到事半功倍的效果（图3-6-2）。

图3-6-1 鳄鱼花纹实物图

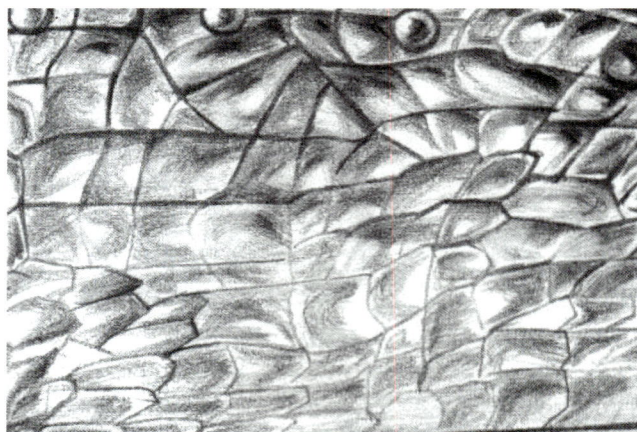
图3-6-2 鳄鱼花纹效果图

高等职业教育艺术设计类专业实践教材

图3-7-1 漆皮皮靴实物图

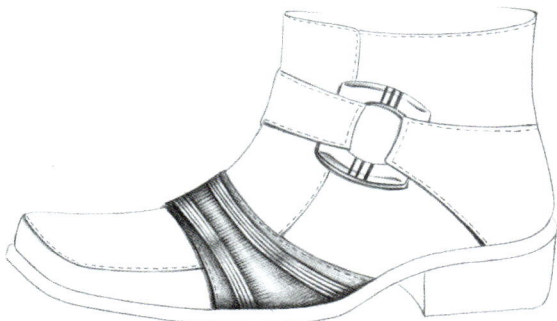

图3-7-2 漆皮皮靴效果图

图3-8 绒面实物

3.2 非天然皮革造型

3.2.1 漆革造型

漆革由于在皮革的表层喷涂了一层树脂，形成类似油漆面光亮的涂饰层。其表面光滑明亮鲜艳，有着如同金属般光亮如镜的材质感，因此常被俗称亮皮或镜面皮，形容皮面光亮到几乎可以像镜子一般反射影像。因制作加工手法多半采用在皮革上加了层亮面漆的coating，因此皮革的防水能力迅速提高，和传统牛皮在视觉上呈现一亮一雾的反差效果（图3-7-1）。

平面漆皮、皱皮产于意大利，在欧美等国家比较流行。皱漆皮是广泛使用的皮类，它的优点是手感好，皮身柔软。在制革过程中，先把皱漆皮皮身捣软，然后淋漆，它的光亮不亚于镜面漆皮。皱纹如碎钢化玻璃纹，皮身柔软而不失牛皮特性，制成的产品舒适而且有独特品位。

漆革的高光和反光区域分布广、面积大、调子过渡比较突然，适合多种绘画表现形式，如马克笔、水彩画法、水粉画法以及电脑辅助法。在表现高光时，可预先留白，也可以待画面全部完成后，用橡皮等擦拭出来，同时采用水彩和水粉干湿结合法进行处理，能产生强烈的对比效果（图3-7-2）。

3.2.2 绒面革和磨砂革

绒面革是指表面呈绒状的皮革，一般用羊皮、牛皮、猪皮、鹿皮生产。利用皮革正面（长毛的一面）经磨革制成的称为正绒；利用皮革反面（肉面）经磨革制成的称为反绒革；利用二层革制成的称为二层绒面。由于绒面革没有树脂涂饰层，故透气性和柔软性极好，穿着舒适，但防水性、防尘性都差，在后期保养时较为困难。磨砂革的制作方法与绒面革非常相似，只是皮革表面没有绒状纤维，外观看上去更像水砂纸一样（图3-8）。

绒面革和磨砂革在制革工艺处理上虽然不尽相同，但在外观视觉效果上接近，因而在画效果图时可做同一类型考虑。绒面革和磨砂革的受光特点是受光时没有高光，反光也基本没有，明暗调子过渡比较缓慢。画效果图时如能把握这些特点，绒面革和磨砂革的质感就基本能够表现出来。表现这类皮革特质，采用彩铅或水粉画的形式较为常见。

高等职业教育艺术设计类专业实践教材

3.2.3 油鞣革

油鞣革是一种视觉效果比较特殊的皮革，较适合用来做一些风格粗犷的休闲鞋（图3-9）。

油鞣革的特殊处理工艺，使得这种皮革呈现一种油脂感，调子变化微妙、细腻。在正常光线下，能呈现出一定的高光，但不是很亮。由于调子过渡比较缓慢，因此反光也比较弱。这些都是其质感特点，在画效果图时应该注意体现。表现这类皮革特质，用水溶性彩铅描绘比较方便。

图3-9 油鞣革实物图

3.2.4 仿旧革和仿古革

仿旧革是将皮革表面经故意涂饰做成陈旧状态，如涂饰层颜色厚薄不均匀，一般仿旧革需要用细砂纸不均匀地打磨，制作原理就像石磨蓝牛仔布一样，以求其仿旧效果。而仿古革往往涂饰成底色浅、面色深而不匀的云雾状或不规则条纹状，看上去有出土文物的感觉，一般用羊皮、牛皮做的较多。

除此之外，不同种类的皮革，表现方法也有所区别。如猪皮的毛孔成三角形排列，与一般牛皮相比，小牛皮的外观显得更加细腻；鳄鱼皮又有其独特的纹理特征。在表现这些种类不同的皮革时，应根据各种皮革的特征，选用恰当的工具和表现技法，充分表现出它们独特的视觉效果。

图3-10-1 花纹面料实物图

3.2.5 毛皮面料的表现

毛皮面料给人以毛茸茸的感觉，由于皮毛的种类不同，所以毛的长短、曲直形态、粗细程度和软硬程度也不同，因而造成其表现的外观效果也各异。描绘时可从皮毛的走向和结构着手，也可从皮毛的斑纹着手（图3-10-1）。

在绘制毛皮面料时，首先在皮具上设置毛皮的位置，由中心位置向四周成发散状画线状单线，变化不宜过大。然后用工具将这部分弄成灰色调，形成块面，在块面上再叠加线状单线，增加毛皮的层次感。用橡皮将其切出一个斜面，用最窄的面去挑丝，从块面拉出缕缕银丝，制造毛皮面料的厚度和松软度。最后在这些空白的小丝边上再紧挨着画上一条较重的线，这时，毛皮面料的基本特征就表达得比较到位了，毛的长短和粗细等都由设计师灵活掌握（图3-10-2）。

图3-10-2 毛皮面料实物图

图3-11　合成纤维面料实物图

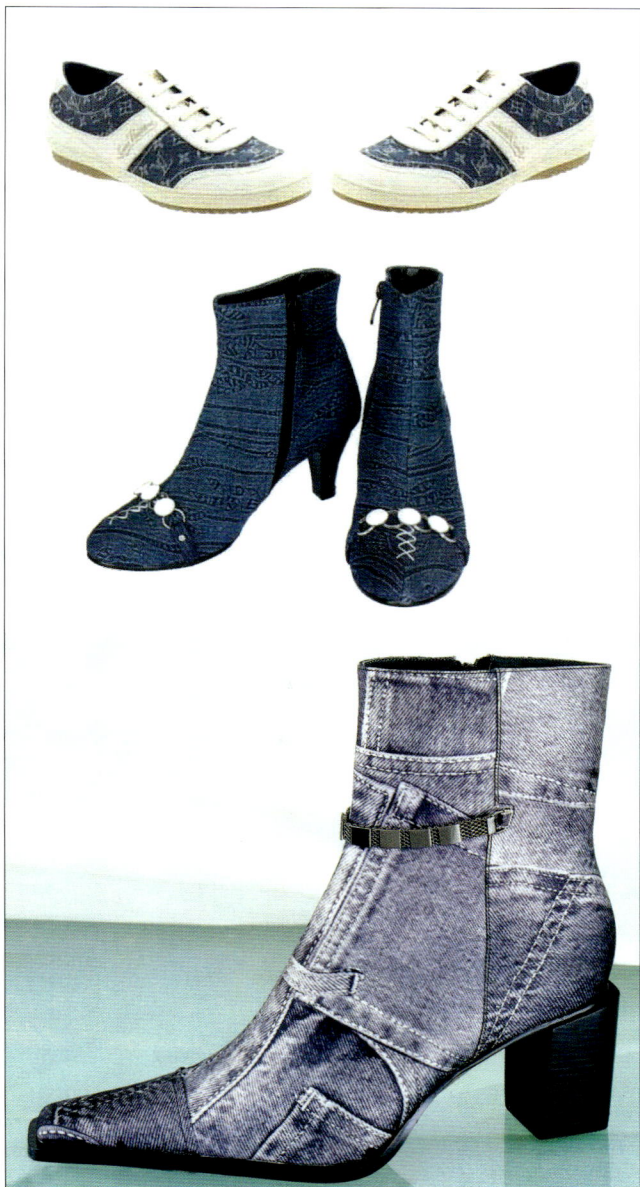

图3-12　牛仔面料实物图

3.2.6　纺织材料的表现

各种鞋类使用纺织材料是鞋材的重要组成部分。特别是在中国，不仅富有民族特点的布鞋要耗用大量的纺织材料，而且胶鞋生产也要应用大量的纺织材料。近年间发展起来的旅游鞋、休闲鞋都离不开纺织材料的配用。

（1）合成纤维织物

目前，世界各国都广泛采用合成纤维织物，尤其以涤纶、锦纶等纯混合纤维居多，也有采用合成纤维与绵麻混纺织物的。合成纤维织物有很好的综合性能，并能保证有良好的穿着性能指标，被认为是理想的鞋用织物（图3-11）。

合成纤维织物质地稍硬，表面粗糙，纹理清晰。由于肌理关系，这类面料没有高光，但有一定的反光。在表现皮具的合成纤维材质时，除了注意它的受光特点以外，最好还要画出织物的组织纹路，要有粗细、虚实的变化，合成纤维织物的质感才能表现得比较充分。如可先用笔以白描的形式将轮廓描绘出来，在画稿上点一些细小的点以示织物纹理即可。而对纹理稍粗的合成纤维织物，可以先取一块纤维板，用毛笔将颜色涂抹到板上，然后再轻轻地压在画面上，纤维板的纹理效果就在皮具画上体现出来了。

（2）牛仔类面料的表现

牛仔面料厚而硬，所以在缝合处都采用了双缉线，一方面增加牢度，另一方面起到装饰的作用。这种面料给人以粗犷、豪放、休闲的感觉（图3-12）。

牛仔面料在皮具效果图中只需要表现出图案、花纹的总体感觉。面料上的花纹图案可以分为两种，一种是大花型或称为定位装饰花。这类花纹的表现应采用写实的手法，根据花纹的大小和形状进行仔细的描绘，同时应注意根据脚部结构，对花纹做一定的透视和明暗虚实的处理。

牛仔面料的斜纹构造肌理外观的表现技法，需要在画纸上动脑筋：可先上一层薄而淡的底色，再在此基础上涂一层厚色，用尖锐物刮画出底层色，露出参差有序的底纹；也可以先用橡皮、砂纸等摩擦纸面，再用毛笔蘸水反复洗毛纸面，揉皱后再展开的画纸也会带来意想不到的效果。等画面干后再加上结构线、双缉线则能生动准确地表现出牛仔面料鞋款的独特风格了。当然，所使用的纸张要比较厚，并有一定的韧性。

3.2.7 丝绸面料的表现

现如今的丝绸面料在织造工艺和练染技术上都发生着变化。真丝面料趋向砂洗，如砂洗真丝印花绸、砂洗真丝染色绸、砂洗绢纺绸和绵绸等。这些产品手感柔软，悬垂飘逸，抗皱免烫，风格独特，高雅别致，具有时代特征；涤纶仿真丝产品趋向提花、电绣，如提花麻纱、电绣福乐纱、弹力雪纺等；人造丝绵类产品成为开发重点，如爽面绸、富春纺和人丝乔其，具有手感滑爽、弹性好、穿着舒适、价廉物美的特点；真丝织造也趋向"弹力"，为了满足消费者对鞋类产品舒适得体的需求，厂家不断推出真丝弹力面料，如弹力素绉缎、弹力重绉、弹力乔其、弹力斜纹绸（图3-13）。

丝绸面料是由蚕丝织成，品种多种多样，所呈现的外观效果也不相同。具有良好光泽感的绸缎面料，在绘制效果图时可以加强明暗度的对比效果，特别是暗部描绘少而浓，注意描绘出单层、双层及多层面料重叠后出现的透明感差异。纵观各种丝绸面料的设计图不难发现，面料上多有各式花纹图案展示。其实，丝绸面料在很多设计上都适合将具有中国传统特色的花式图案联系在一起，在某种程度上，可以认为绸缎面料效果图就是借助特征明显的各色刺绣图案来表现其特质。刺绣和图案出现的同时也就意味着很有可能使用丝绸面料，而其他皮质面料是不太方便点缀众多碎珠、刺绣图案的。所以，在描绘丝绸面料上的花纹时就要区别对待。画刺绣图案时，在描外轮廓时，就要注意用笔不能太光滑，可模拟刺绣手法，用短线密集排列。碎珠画的时候，要用细的铅笔勾勒出几颗清晰的小珠子，珠子之间留出一点距离手绘穿线，其效果生动逼真。

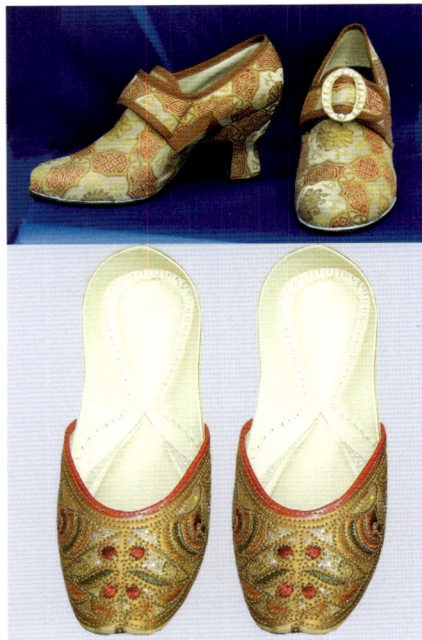

图3-13 丝绸皮鞋实物图

3.2.8 网纹材料的表现

网纹材料在真皮运动鞋和皮包上运用较多，可以有效增加设计的节奏感和质地的变化。网纹材料通常有半立体状网纹材料和平面网纹材料等种类，但因为在皮具设计上其面积偏小，本身纤维密度又强，所以在表现手法上都是比较接近。

在画网纹时，不要拘泥于网纹实物的外观。一般此类材料在效果图中应该比实物大一些，疏一些，为实物的2～3倍最为恰当，能达到比较良好的视觉效果。边框画好后，可以借助小尺打出整齐的交接线，然后以外轮廓为界限，往里画出明暗交接线。注意：要在整块局部上进行明暗的粗略表现，体现出半立体的效果（图3-14-1，图3-14-2）。

在这里我们着重介绍各种了皮具材质的造型方法，希望对真正的皮具设计工作者能起到借鉴作用。我们始终坚信，高品质的皮具不单有超凡脱俗的外观设计，更要完善影响皮具舒适性的诸因素，这样才能使皮具满足消费者的生理、心理需求。

图3-14-1 半立体状网纹实物图

图3-14-2 平面网纹材料实物图

第二单元
男式皮具设计

　　就男式皮具造型设计而言，相对于女式皮具的创新来说，设计者对男式皮具创新把握似乎更为被动，其实不然。男式皮具设计较女式皮具设计更为隐性，但近年来有越来越大胆的表现。从大体上看，男式皮具变化还是相对固定的，特别是在大众心目中已形成了一系列的基本款式。设计师若想独立设计有新意又有深度的男式皮具设计作品，绝非易事。如何突破设计的瓶颈，寻找新的规律和方法，不仅仅是当下设计者要面对的挑战，更是我们在未来的男式皮具造型领域打开另一番天地的崭新契机。

4 男式皮鞋设计

男式皮鞋是男式皮具中最有代表性的设计之一。到底怎样才能有效地进行男鞋帮面的创新设计呢？笔者认为，边缘设计是非常有效果的一种方法，也是比较容易的一种创新思路。当然，首先要尊重原有的、已经自然归类的鞋样造型款式，然后掌握其中的设计要领，结合设计技巧来运用特定的表现手法，能取得非常不错的艺术效果。

边缘设计，是指在基本款式上来回变化，产生游离效果，主要包括回缩式设计和扩展式设计。简单地说，边缘设计就是在原有的固定款式上寻找帮面的某一特征，将其放大、缩小或变形，从而形成新的元素，得到不同于原款的创新设计。这种方法借助于已有的款式设计，又能蜕变出风格迥异的作品，是非常有趣和有效的一种设计方法。

下面，我们将各种设计手法归纳为回缩式设计和扩展式设计，并加以详细的介绍。

回缩式设计主要指在皮鞋的各个基本帮面上进行缩小设计，或是在原帮面上裁剪，或是根据设计要求在上面挖空一些帮面，总之比原来的面料要少的一种设计。主要包括局部回缩式设计和整体回缩式设计。

（1）局部回缩式设计

是指在原来的款式上寻找可以变化的帮面，然后进行一系列裁剪、不对称式等减法设计运作，以达到获得新的设计作品的目的。

①裁剪法。经过观察我们很容易发现，有些鞋款造型存在着大面积的帮面，既增加了成本又不利于工艺制作，或许将成为造型的败笔。而作为设计师的我们却可以由此找到一个新的设计突破口。如图4-1所示，原先鞋款跗背是一整块完整的帮面，属于比较传统的款式，既不容易固定，又不方便取翘，且费料。试着在此帮面上结合其他款式（如扣的宽度）适当减去一小块或若干小块皮料，将扣式等不同的设计巧妙地结合到大帮面上，可以将呆板的大块面消化掉，同时可将其余的皮料固定住，可以营造出自然又帅气的风格。而在造型上只是帮面往里回缩了一部分，被裁减的这部分可以是方正的，也可以是略带圆弧的，可以是粗的，也可以是细的，只要裁剪均匀，即便是简单的条状也能带来另一种设计风格。裁剪法设计的关键是裁剪后的面积要小于原先的帮面，如本身帮面就只是一小块皮料的话，则不适合用这种方法。

②不对称法。不对称指原来对称的部位经过变异处理，刻意采取不再对称的设计手法，产生新的设计效果。不对称法在设计手法里面也属于前卫派，可以塑造出独树一帜的异样风格，可以引起特定消费群体的关注。最明显的设计灵感表现在熟为人知的耳式鞋设计风格上，将一边耳朵拉长变大，另一边耳朵压缩变小，甚至于消化吸收省略处理，既保留了耳式鞋的造型特征，又将设计做了创新。但是初学者如果要设计此类不对称非常明显的款式的时候，内

图4-1 局部回缩法示意图

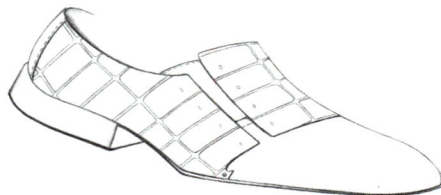

图4-2 不对称示意图

外踝部位帮面如何固定也是要解决的实际问题。也有设计师将一边的耳部延伸取代另一边的耳部造型，将耳部的鞋洞直接穿在鞋墙上，这样的设计固定作用相对会弱些，要充分考虑到工艺制作。也有些款式为了避免取版技术上的问题，而将不对称的部位设计在不是很关键的部位，另一部分则保持原状，实际上不对称的帮面在工艺上可有可无，这时候，不对称设计更多是起到装饰作用（图4-2）。

（2）整体回缩式设计

局部回缩设计多适用于相对简单的款式，可以增加其细腻感。但是，有很多鞋款本身就已经很精致，局部回缩反而会使其变得繁琐。这时候，就可以使用整体回缩的方法，有目的地改变其基本款式的特征，从而设计出新的成功款式。

①简约法

简单来说，就是简化，是现在比较流行的欧式设计，在意大利经典款式设计中经常看得见。概括起来有两种方向：一是注重楦和面料的设计，款式上不再做过多的处理；二是在固定的款式上将原来的帮面连接起来，合成一整块，区别于原设计，感觉比较简练。以耳式鞋为例来展示简约的设计效果。耳式鞋的简约设计风格平添了许多贵族气息，使整体感觉更加简练流畅，符合简约复古的流行主题，形成一道亮丽的风景线。比如说是图4-3中这款整舌式设计，乍看与普通整舌款式没什么不同，但设计师在整舌款式的基础上采取细节设计，运用了凿眼的工艺手法，也注重了后排的形状设计，使保守的整舌式灵动起来。但此类设计要以娴熟的生产工艺和先进的生产设备作为设计前提，才能保证其整体的优越感。

②压缩法

压缩法是一种针对改变帮面面积的设计方法。当你需要一些线条效果，又觉得一般的粗细线条无法满足你的设计需要，而希望整个帮面都由大气的帮面组成时，就可以考虑用这种设计方法。压缩法就是将不同色泽的帮面挤压到几乎接近线条的宽度，用来衬托出与众不同、略带压迫感的整体效果。如果线条宽度允许的话，也可以在上面做些镂空和添加装饰扣的设计，这种设计手法和工艺制作都接近于包边设计，但比包边更富装饰性，所以运用起来比较方便（图4-4）。

与回缩法相对应的自然就是扩展式设计。所谓扩展式设计，就是指在已有的款式上找到可以扩展延伸或是能够制造扩展延伸效果的帮面，辅加各种设计手法，以获得新的设计效果。

图4-3 简约法示意图

图4-4 压缩法示意图

高等职业教育艺术设计类专业实践教材

扩展式设计是指在设计时，将帮面往外扩展，形成新的形态造型。与原来的面积相比，由于增加了帮面量，所以称之为扩展式设计。以下对其进行介绍：

（1）添皱设计

添皱设计是扩展式设计中对原设计影响最小的一种方法。分为工艺褶皱设计和层叠褶皱设计两种。工艺褶皱设计一般是指选择一块原先比较平板的帮面（通常鞋舌是不错的选择）进行褶皱的处理。添皱处理既可以增加鞋面的节奏感，又可以加强帮面的精致度，强化了鞋面的疏密对比。这种方法尤其适用于作风保守的设计人员，其设计风格能出现意想不到的俊朗效果（图4-5）。

图4-5 添皱处理示意图

（2）叠加设计

和添皱设计相比，叠加设计改变的程度相对会大一些。叠加设计比较适合比较小的鞋帮结构设计，有些大面积的设计虽很漂亮，但却容易增加产品本身的成本。图4-6中的这款男鞋的横条是设计的一个亮点，它区别于一般的整舌设计，看上去设计要复杂一些。但仔细分析起来原因却很简单，即只在整舌帮面上多加了一条装饰片，造成了叠加的效果。虽是不经意的一个小动作，却增加了设计的独特性，此类手法在很多皮具的款式上都有运用。当然也可以加上两个、三个或多个装饰片或是装饰条，再在装饰片的边缘做些处理，常能获得意想不到的效果。这个设计手法同样适用于带横坦的款式设计，可反复叠加类似的横带。通过局部的扩展设计，重复使用相同元素，简单而实用。

图4-6 叠加设计法示意图

（3）补丁设计

男鞋帮面通常偏向于采用对称式的造型。而补丁设计，正是游走于这一设计理念上的新枝桠。补丁设计，在不破坏中心对称设计的基础上，在鞋帮两翼添加对称的小帮件，增加一定的趣味性。最早的补丁服装设计上，即在上衣袖子中间缀上一块补丁，或者在牛仔裤的膝盖、臀部缝上两块旧布，并不鲜见。而今，用在鞋样设计上，除在不太显眼部位运用形状不一的补丁设计外，也有在帮面上加不同皮料和装饰图案的，已与传统男鞋的严谨风格形成大相径庭的效果（图4-7）。

图4-7 补丁设计法示意图

（4）整体扩展式设计

当设计师可以非常熟练地运用以上类似的表现方法的时候，就会不再满足于局部的变化，而渴望更本质的改变。这时候，就可以采用整体扩展式设计。整体扩展式设计主要指两种或两种以上独立的基本款式的混合设计，带来整体款式的改观。如图4-8所示，就是围盖边扣式设计的完美组合。在进行此类设计时，要注意要设计的产品其基本款式必须类型一致，否则组合后，整体风格会不统一。

当然，无论是回缩法还是扩展法，都是依循已有的基本款式的结构特点进行适当的延伸设计，有一定的科学规律，并非凭空捏造。设计者若想真正游刃有余地开发有价值的创新作品，只有了解市场动向，掌握国内外的最新设计资讯，剖析先进的男式皮鞋设计理念，学习科学的设计方法，提高自身的涵养，才能真正成为具有开拓能力的优秀设计师。

图4-8 整体扩展式示意图

高等职业教育艺术设计类专业实践教材

无论是回缩式设计还是扩展式设计都是从皮鞋的设计方式上进行阐述，要真正熟悉和掌握设计技巧，需要从具体的款式入手，如男中缝式等。接下来，我们就以市场上最为常见的几种皮鞋款式为案例，演示、分析和总结它们的设计手法和设计技巧。

4.1 中缝式设计

从事鞋类产品的设计者，更多的是需要与外界接触、交流，拓宽视野，创新思维，提高审美观和鉴赏能力，设计出真正适合消费者的产品。现在，我们收集市场上销量最大的皮鞋款式进行归纳总结，选出最有代表性的六大款式，分析它们的设计特点，寻找设计方法，使我们能够从市场产品中得到启发，从而设计出新的款式，为更新市场制造新鲜血液。

首先，中缝造型的皮鞋款式，在男鞋造型中是特征非常鲜明的款式，在市场上也占有非常可观的份额。掌握中缝款式基本造型特征，学会分析现有市场热卖款式的设计优点和缺点，借助提供的范例效果图，学习独立设计的技巧和适当的表达方式，都是成为设计师的必备技能。

4.1.1 结构分析

造型特征：头排分为内外头排造型（图4-9）。

4.1.2 实例分析

整体变化：可以从皮鞋材质上进行变化。中缝式皮鞋款式的设计是属于比较隐性的设计，貌似简单，但对整体造型却能起到分化和修整作用，区别于整帮设计，在生产用料和取版技巧上避免了一定的复杂性，是非常实用的流行款式。分为两个设计方向：一是面料的选择，可以选择现阶段比较受欢迎的时尚皮料，如水洗压纹等效果面料；可以制造出想要的设计内容。二是选用造型别致的楦头。楦的开发速度明显慢于款式的开发，所以如能找到新颖的楦头，可以弥补很多设计的不足。

细节变化：主要是中缝部位形态的变化。可供设计的范围很大，如中缝的变化，包括开中缝直线，然后采用多种缝合方式；或是改变开中缝的形态，然后合缝。再如变化中缝的长短、位置等，在传统的中缝款式上进行开发设计，加上后排等部位的自身变化，可以创造出众多款式。

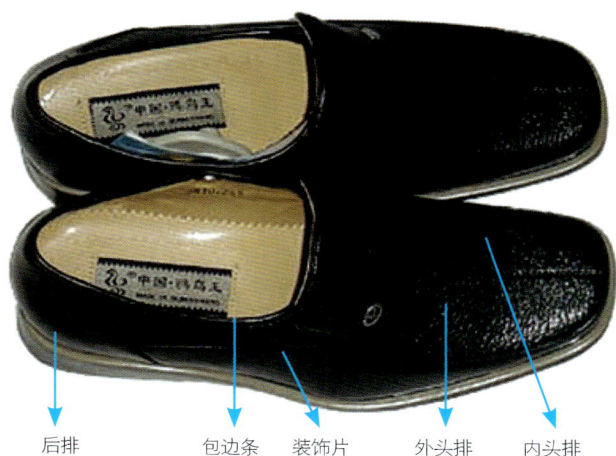

后排　　包边条　装饰片　外头排　内头排

图4-9　中缝款式结构分析图

实例一：

①观察：款式是普通的外松紧口舌式设计，中缝无特殊造型（图4-10）。

②分析：很多初学者在学习之初就一味追求创意设计，而不屑于研究传统款式。实际上市场上最受欢迎的款式往往还是经典型的老款。所以看到这类鞋子的造型时，不需要强求造型有多么的新颖奇特，颜色也是非常普遍的单色。鞋材的色泽、光亮度、皮纹、质感是鞋类设计者在创意中所利用的一些设计元素，只有利用好这些设计元素，并充分考虑到消费者的审美心理和购买欲望，才有可能设计出真正的商品鞋。当然，结合材质的变化，也可以在局部再做一些简单的处理，如后排的变化，材料的变化，颜色的变化等。在帮部件分割上，并没有做过多的设计，基本保持传统款式造型的基础上，做高质量的工艺设计，保留经典款式的老味道，以满足消费者的需求（图4-11）。

传统中缝款式修改频率最高的部位是中缝的缝合线的设计和运用。最简单的设计是保留直线中缝，然后变化车线。车线的规则变化是鞋子的基本工艺和主要表现手段之一。线的长短、间距需要有一个合理的安排，缝线可以适当地画长一些，表现的时候没有必要和真实的一样细，可以适当地放大，拉开距离，这样有助于观察效果图。只要把方向表现清楚，线迹的大小只要和鞋的大小整体协调就可以了。车线可以是单排的，或是双排的，左右可以是对称的，也可以是对比的，缝线要画得整齐，长短基本一致，这样才能够体现鞋子的工艺美（图4-12～图4-15）。

图4-10 中缝款式实例分析图

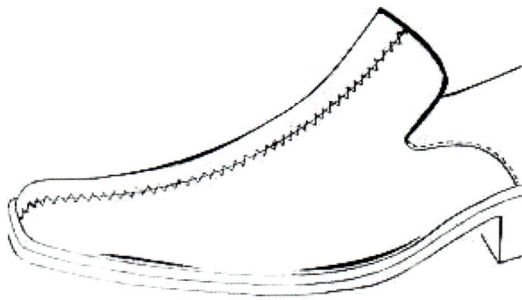

图4-11 中缝款式表现效果分析图

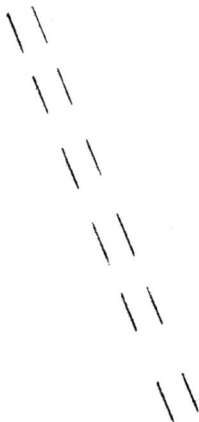

图4-12 细车线表现效果图　　　图4-13 多排细车线表现效果图

图4-14 粗车线表现效果图　　　图4-15 手缝线表现效果图

图4-16　中缝款式实例分析图

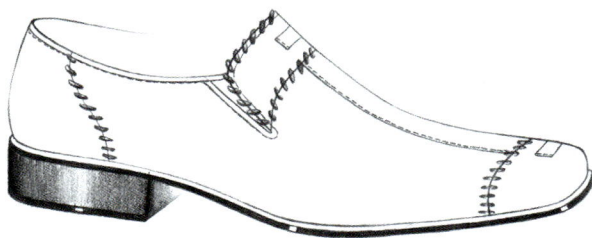

图4-17 中缝款式表现效果分析图

图4-18　曲细车线表现效果图　　　　图4-19　直细车线表现效果图

实例二：

①观察：材料奇特，中缝造型醒目（图4-16）。

②分析：当千万个鞋的品种和流行信息呈现在设计师面前时，能判断并鉴别出哪些是有市场并符合消费群体的流行产品，这是至关重要的功力。了解材料性能尤为重要，如材料的延伸性、厚度及可塑性、特殊的面部结构线、工艺装饰线（图4-17）。

设计师如果认为只是围绕直线中缝做直线合缝过于简单的话，则可以在中缝规则合缝的手法上进行大胆的、不规则的变化，如一、一、---，甚至是更夸张的涂鸦设计等等，即不影响样板设计难度，有能保证头排打断，节省用料，运用上面的设计突出中缝造型的效果，从而改变款式风格，产生多样的外部造型特征。也可以在车线上做一些粗细选择，以改变车线的方式，这是既简单又有效的设计手法，如上所描绘的三角式车线，可以改变平凡的平面效果，带来强硬的设计风格。也可以S形的车线，在干练的效果上增加柔和的设计。有些设计师认为，还可以在中缝做些别出心裁的设计，比如说在中缝的局部进行封包，一般情况下，在接近楦口的部位加块状装饰片设计。但现在也有一些款式在头尾部都做类似的处理，要观察具体的款式需求。如果从中间包封的话，可能会影响中缝的款式。中间可以保证中缝的完整度，初学者要确保自己能够顺利完成取版工作（图4-18、图4-19）。

033

高等职业教育艺术设计类专业实践教材

实例三：

①观察：中缝造型夸张，装饰点较多（图4-20）。

②分析：你如果觉得纯粹运用合缝的工艺造型视觉冲击不够的话，可以考虑中缝部位打断时就采用规则花边处理或不规则花边处理，而不是仅仅停留在保持直线打断而仅仅改变合缝工艺造型上。通常情况下，这种设计都会加上包边处理，以增加视觉效果，增强华美度。花式合缝可以结合胶粘、镶钉等其他工艺设计，以制造更强烈的整体视觉冲击力（图4-21）。

这种设计不再停留在车线的装饰上，在分割时就用刀模进行花式处理，形成多边变化的外轮廓。鞋面也可做些隐蔽的小装饰设计，配合时髦的面料，增加款式的整体装饰性。注意帮面设计要和款式的整体设计相符合，包括面料的选择等。考虑到时间、成本、保险等因素，变化材质是比较轻松的设计手法之一，比如说选择在真皮上做些不明显的隐性效果或是近年流行的水洗效果的面料、褶皱处理的面料、豹纹以及斑马纹等纹理效果表达比较强烈的材料（图4-22）。

图4-20 中缝款式实例分析图

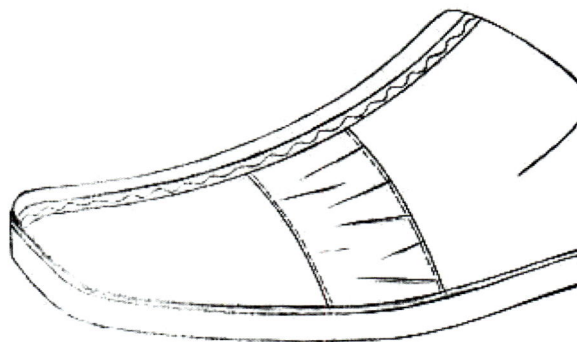
图4-21 中缝表现效果图

图4-22 细车线表现效果图

实例四：

①观察：面料花哨，造型夸张。在外耳式设计上进行延伸设计，将口舌部位中缝处理，又打破常规，用系带造型合上约2/3长度，变化相对复杂新颖（图4-23）。

②分析：这种设计虽然夸张，但工艺运用依然非常严谨，构成上看各个弧度也都有对应。口舌上做中缝处理取版上也是有一定新意的，合缝线型效果与鞋带造型有异曲同工之妙，有了呼应的意味。延续小系带合缝设计，将外耳系带延伸到鞋面，造成新的视觉冲击力；同时，侧边有一个外耳轮廓设计，也很能给人启发。

图4-23 中缝款式实例分析图

高等职业教育艺术设计类专业实践教材

4.1.3 设计效果图

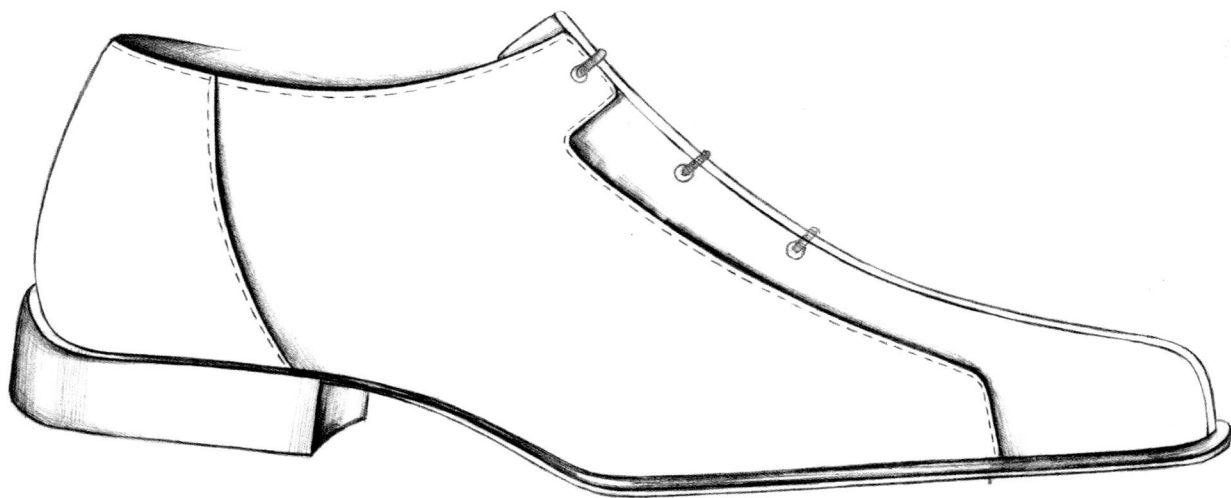

图4-24 中缝款式设计 (作者：林森)

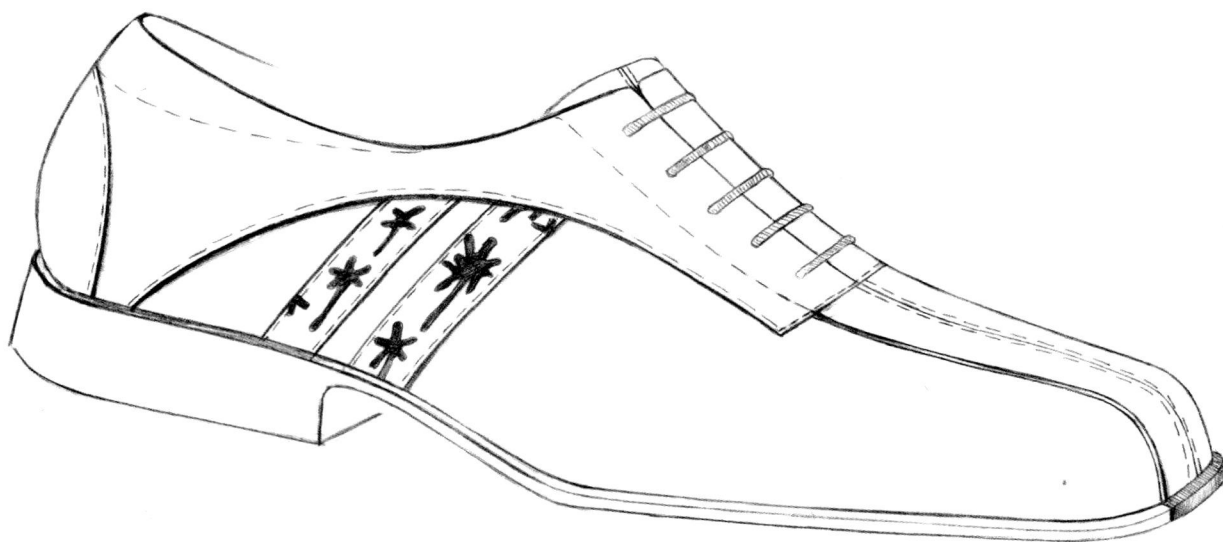

图4-25 中缝款式设计 (作者：林森)

4.2 整舌式设计

整舌式皮鞋舒适大方，在男性消费群中拥有良好的口碑。由于整舌式造型特征明显，设计师在设计时却容易受到一定的限制，多以简单的面料置换或是颜色的变化为主。但颜色围绕着表现朴素的白色、米黄色、天蓝、偏灰蓝等，大量使用鳄鱼和驼鸟皮等兽皮革，配合特别的皱褶处理，带出原野奔放的感觉。

4.2.1 结构分析

造型特征：前排是完整的造型，不打断（图4-26）。

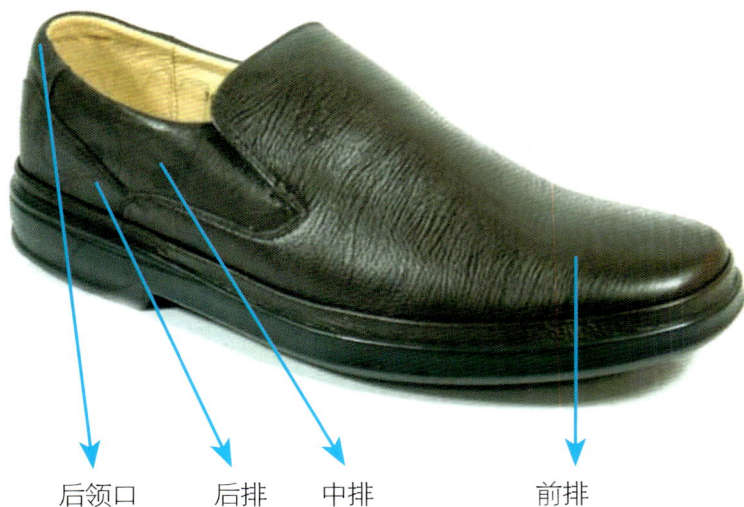

4.2.2 实例分析

整体变化：可以从口舌部位进行变化，主要指口舌的外轮廓形状，可以是圆润造型，也可以是略带方正的造型。

细节变化：可以在口舌上做一些精致的设计。

后领口　　后排　　中排　　　　前排

图4-26　整舌款式结构分析图

实例一：

①观察：款式设计比较传统，没有做过多的帮面分割，但款式面料上存在着明显的纹路效果，使整个款式有一定的装饰感（图4-27）。

②分析：整舌款式可以是内松紧设计，也可以是外松紧设计。一般来说，其为内松紧设计时，前排下摆形状偏大，可做适当的曲线设计；其为外松紧设计时，分两种情况：外松紧形态偏大时，前排下摆形状偏小，可做简单的过渡设计；外松紧形态偏小时，前排下摆形状偏大，也可做适当的曲线设计。这两种情况设计者都要学会观察，以便分别对待。当然，也可以结合细节设计，在前排做些激光雕刻或是凿眼的工艺设计，以增加鞋面的装饰性；也可以围绕着前排做一些线的修饰，比如说围绕前排外轮廓手工粗缝或是在前排帮面上做一些装饰线的设计，使前排变化更加丰富。

图4-27 整舌款式实例分析图

实例二：

①观察：款式比较新颖，结构紧凑，面料光泽度好，都有装饰扣（图4-28）。

②分析：其颜色是近年来比较流行的深棕色和黑色面料，前排完整，基本无其他多余设计。看点是和装饰扣的结合运用。选用造型夸张的装饰扣，配上适合的扣带包裹在前排上，以营造不同的设计理念。鞋扣的种类非常多，有较方的，也有较圆的，有满边的，也有半边的，有单针的，也有双针的等等，根据设计者自己的设计需要做正确的选择。扣带可以是针织布、宽松紧带、皮质面料等等。条件允许的话也可在装饰带上冲眼、装铆钉，增添一些设计亮点。

皮具的设计方法多种多样，突破点就在于如何找到准确的设计位置。希望这里介绍的设计方法能够起到抛砖引玉的作用，启发同学们更多的设计思维（图4-29）。

图4-28 整舌款式实例分析图

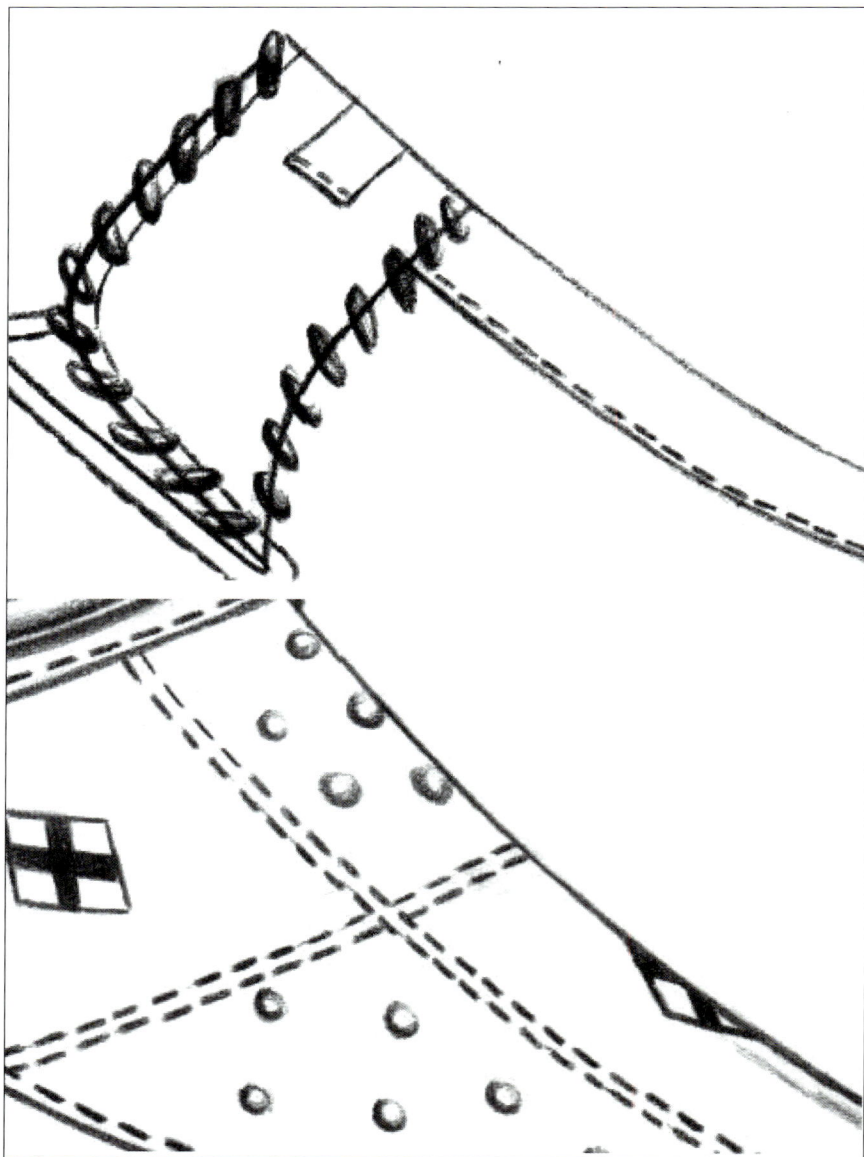

图4-29 车线装饰效果图

4.2.3 设计效果图

图4-30 整舌款式设计 （作者：李纯舟）

图4-31 整舌款式设计 （作者：李纯舟）

4.3 围盖式设计

围盖式男鞋造型可以说是最有代表性的皮鞋款式之一，一般在围盖的变化上、围盖与围条的搭配工艺上、横条与鞋样的组合形式上、搭配工艺上以及帮面外侧结构工艺的组合形式上创新。近年来，围盖皮鞋的外观设计和功能设计都在不断地取得突破，在设计上已形成独特的风格，值得我们认真分析和学习。

4.3.1 结构分析

造型特征：独立打断的围盖帮面，围盖上做略微的起皱处理，配上横坦设计（图4-32）。

4.3.2 实例分析

整体变化：可以从围盖的轮廓造型上进行变化，或拉长或缩短围盖的长度，但要注意取版过程中的数据变化；或是拉宽或变窄围盖的边缘，使其产生游离于传统围盖造型之外的新理念。

细节变化：主要是构成的点、线、面考虑，设计方法类似于整舌式的穿线和凿眼。

围盖（鸡心）　　鞋舌　横坦　围圈　后排

图4-32 围盖款式结构分析图

图4-33 围盖款式实例分析图图

图4-34　围盖款式实例分析图

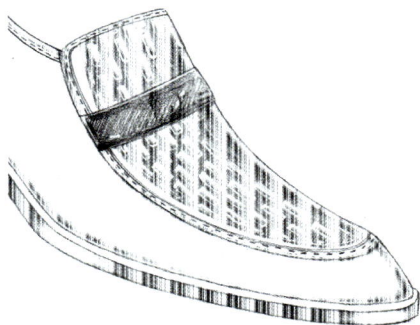

图4-35　包边表现效果图

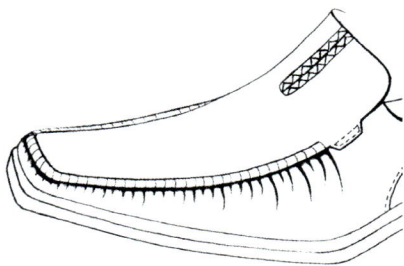

图4-36　起梗表现效果图

图4-37-1　围盖款式实例分析图

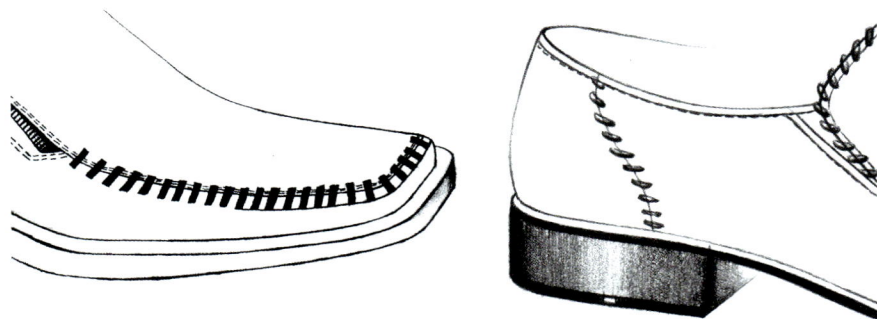

图4-37-2　合缝效果图

实例一：

①观察：典型的围盖式设计，采用黑、白、灰的对比色调来强调款式的变化（图4-34）。

②分析：典型的围盖式造型由于其帮面分割非常清晰，在围盖轮廓上进行随意设计的余地较小。这个时候，可以换个角度考虑这个问题：保持围盖的基本造型不变，在鞋楦的平面效果上做一些新的尝试。比如我们所看到的图片，在面料上做水洗效果，设计手法简单又生动，休闲味道十足；或采用包边滚边的设计形式，将关于设计基本元素点、线、面的构成进行简单的处理，如车一道醒目的装饰线，增加整体感；或在前帮盖和前帮围结合处或其他部位，用针缝或胶粘、衬垫做出褶子，包括起皱褶和平褶。"皱褶"是事先没有设计好的线条，可利用皮革自身的柔软性做褶。最难画的是复杂的工艺技术的表现，太细致地表达会使画面显得很繁琐，过于写实的表达又会破坏画面的和谐，所以设计师要主观处理，使画面展现一定的规律，又能准确表达工艺要求。这也是一种车线表达的方法，线的粗细要表达清楚，针距表现可以适当夸张一点，但排列要整齐均匀，也可以将车线间断设计，寻找另类效果（图4-35～图4-37-2）。

高等职业教育艺术设计类专业实践教材

实例二：

①观察：很多学习设计的同学觉得设计灵感不是每时每刻都会存在的，所以拥有正确的设计思路是在短时间内打开灵感大门的有效办法。从手头已有的资料去学习设计的长处，然后以这一点为圆心进行半径的设计是良好设计方法的一种。这一组的变化集中在围盖轮廓的形态变化上，有方或圆的多向变化（图4-38）。

②分析：通过观察我们不难发现，与其他款式不同的是，这些鞋样款式围盖的轮廓造型正发生着有趣的变化，有方角的，也有圆边的，甚至有拉丝做毛边处理的，根据楦的造型不断变化。多采用平板的真皮面料，以黑色为主，循规蹈矩的传统造型；或是压纹面料，以棕色系为主，致力于创造桀骜不逊的颓废风格。所以当你确定要做围盖式的设计时，首先要考虑已有的面料是否合适做一些比较新颖的变化。了解楦头的造型给你的第一印象是什么风格的，如果是粗犷味道的，可以采用方形围盖；如果是含蓄味道的，则采用圆弧围盖，判断不出来的就根据楦的棱线来自行设计，如果想加强装饰性的话，可以结合前面所讲的，进行局部回缩式设计和局部扩展式设计，拉动围盖的边缘，产生新的设计。但要注意这只是一种适度变化，就像人们最习惯的T恤领口还是最普通的圆领一样（图4-39）。

图4-38　围盖款式实例分析图

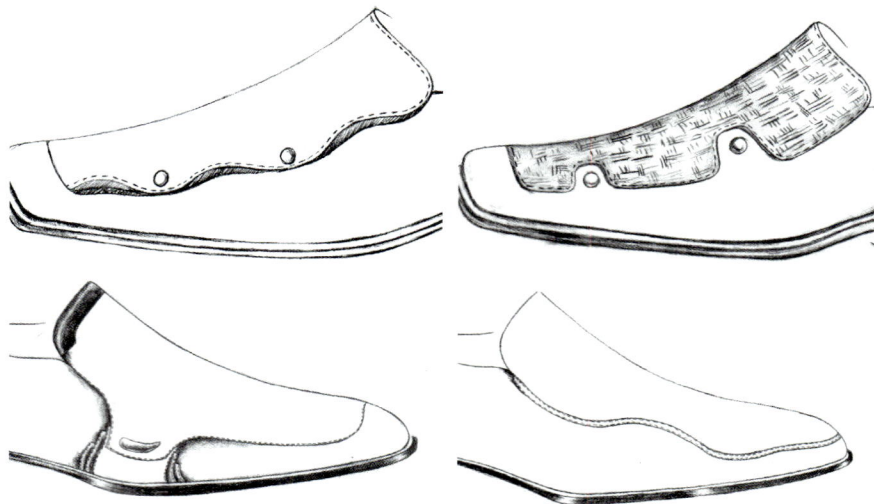

图4-39　围盖变化效果图

实例三：

①观察：有横坦设计，面料颜色与横坦颜色一致或是比较接近。横坦的形态设计在这一部分的变化是相对多的。有比较均匀的横坦设计，也有左右不对称的，还有带假扣的横坦设计（图4-40）。

②分析：可用横坦进行形态变化，如窄横坦与宽横坦的设计；平板横坦与粗糙横坦的设计；对称横坦与不对称横坦的设计等等；或是横坦颜色与面料颜色产生微妙的联系，色泽接近或相反；或是在横坦上再做细节设计，如起埂等。在前帮盖、前帮围结合处或其他突出部位，按照设计构思，采用不同的起埂方法起一埂子，这种浮雕式的立体埂状，给人以粗犷、豪放之感。起埂方法有夹缝挤埂、缝埂、捆埂、嵌皮埂、翻花埂等，起埂部位内夹粗线、绳、海绵或嵌皮条等（图4-41），造型的方法也略有区别，最基本的方法是画两道线，阴影往外边擦，做出鼓起来的效果。

高等职业教育艺术设计类专业实践教材

图4-40 围盖款式实例分析图

图4-41 横坦（扣）效果图

实例四：

①观察：围盖面料颜色变化丰富，花纹造型夸张；围盖前方配置了金属装饰片，边缘设计粗犷简洁；帮面设计和楦型设计能很好地组合在一起；横坦上有放金属扣的（图4-42）。

②分析：可尝试使用各种花式面料，如印花纹的、压花纹的、迷彩的、条纹斑点纹等各式稀奇古怪的设计，营造出休闲与正装的混合效果。金属扣是此类围盖造型鞋款的精彩之笔，了解并掌握各式金属扣的形态和表现方法是皮鞋设计师所必须掌握的基本技巧。横坦上的金属扣不同于单纯的鞋扣，它的主要作用不是固定鞋面，而是装饰，所以尽量选用纤细一些的以配合横坦使用，以达到比较自然的效果。由此我们渐渐发现，好的设计是借力发力，观察并找出它的优点，进行归纳，提炼出有代表性的意见，再用这些设计指南去逐一对照市面上流通的鞋款，印证其准确性和可信度，得到证实的这些设计规律就可以指引我们以后的设计（图4-43）。

图4-42　围盖款式实例分析图

图4-43　装饰片（扣）效果图

4.3.3 设计效果图

图4-44 围盖款式设计 （作者：李纯舟）

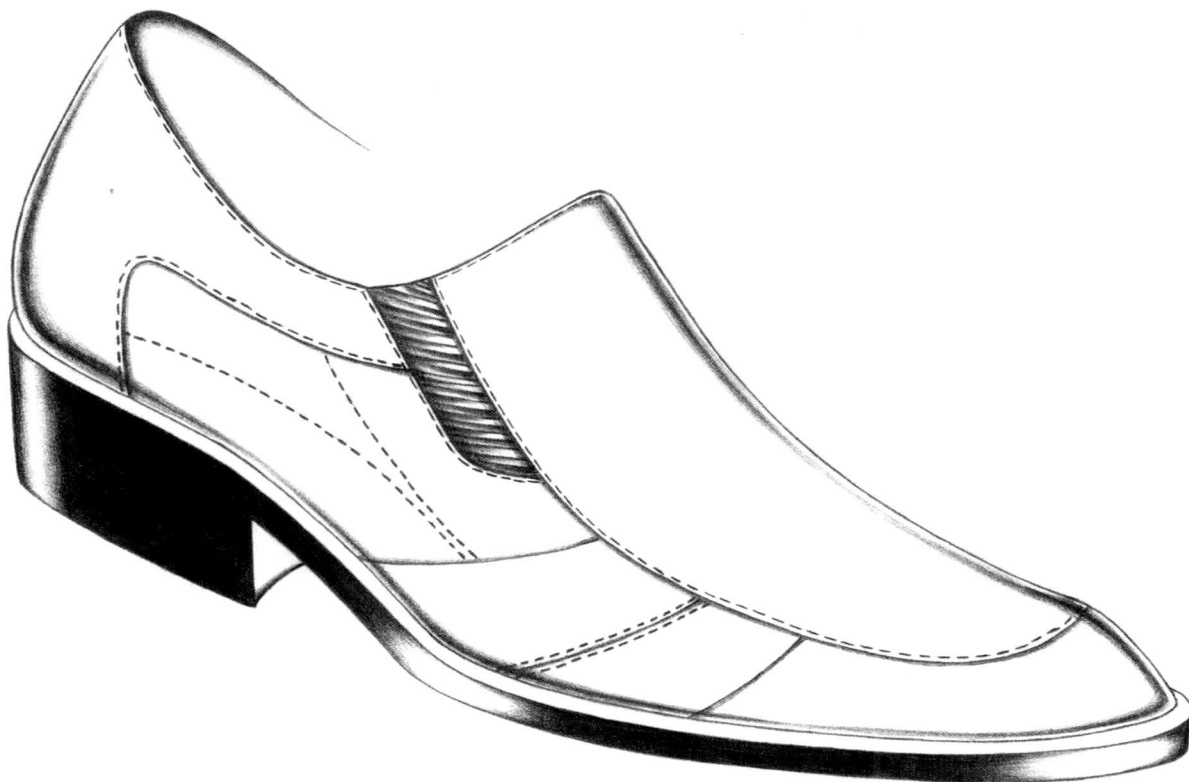

图4-45 围盖款式设计 （作者：李纯舟）

高等职业教育艺术设计类专业实践教材

4.4 整帮式设计

整帮款式常运用于皮鞋档次较高的设计中，整体造型要求采用一块完整的皮料，特点是朴实大方，穿着舒适，是皮鞋行业最古老的帮面结构。

4.4.1 结构分析
造型特征：完整帮面不打断（图4-46）。

4.4.2 实例分析
整体变化：可以从面料的设计和选择上进行变化，这种方法通常也是最简单有效的鞋样款式设计方法。但在选择和设计面料时，应初步调研近年男性面料的流行趋势及女性鞋类面料的特点和它对男鞋的影响。

细节变化：主要是工艺的设计变化，起到点缀的作用。

实例一：
①观察：面料的花纹非常醒目，感觉类似于近年来流行的豹纹，纹路变化更明显，更符合男鞋设计的需求（图4-47）。

②分析：观察近年来男女鞋流行的面料和特性，用将一些符合款式需要的中性花纹设计引入到男鞋设计领域，以营造出别样的特色风格。比如说2008年比较流行的田园风格。田园风格的设计常具有清新、随意的特点，它常取材于自然风光，如花朵、树木、大海、沙滩、岩石、蓝天等等。由于未经人工雕饰的一切显得亲切，颜色天然成趣，款式宽松飘逸，所以许多休闲皮鞋和便鞋都具有这种返璞归真的田园风格，它体现了轻松、随意、恬淡的情趣如水洗皮革的风生水起，女鞋渐变漆皮在男鞋中的巧妙运用等等，都是在做面料设计时可以借鉴参考的内容。花纹设计上要充分重视到男性消费者的消费需求特征，形态要简练大方，不拘泥于小节（图4-48）。

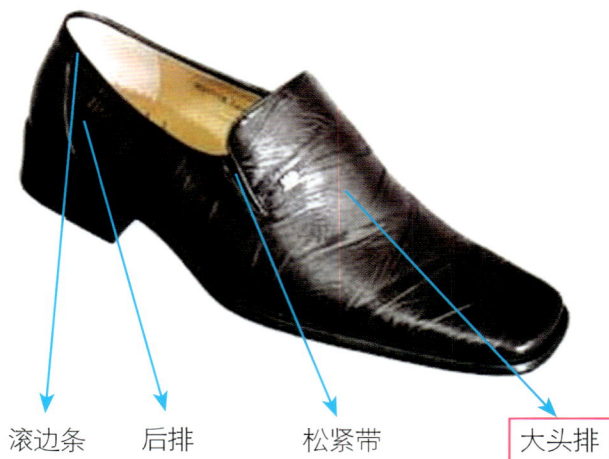

滚边条　后排　松紧带　大头排
图4-46 整帮款式结构分析图

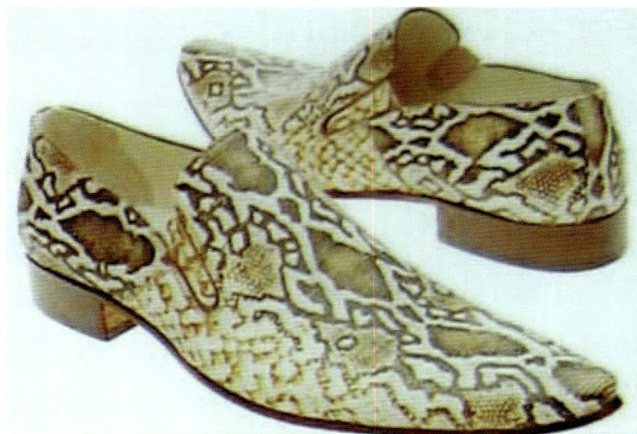

图4-47 整帮款式实例分析图

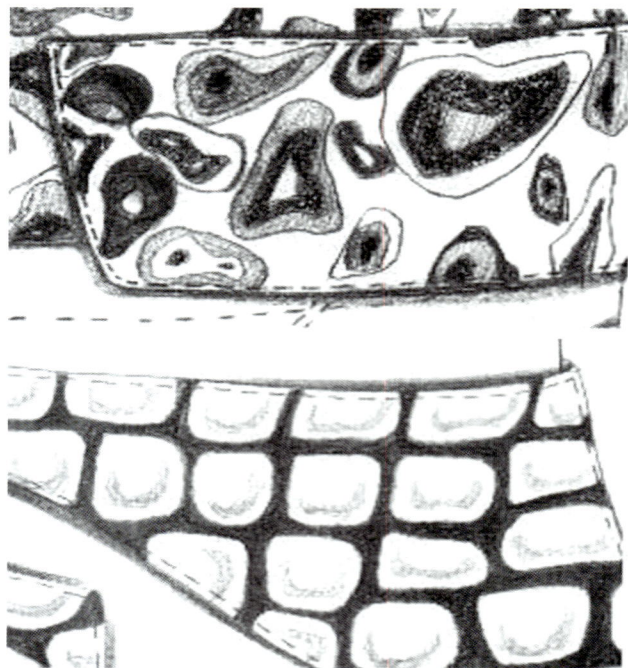

图4-48 花纹表现效果图

实例二：

①观察：帮面非常干净，穿孔设计没有破坏帮面的设计完整度，颜色运用得也很漂亮（图4-49）。

②分析：参考假线的运用方法，换成其他工艺试试看，如穿孔工艺，可以收到很好的装饰效果；继续采用包边的设计手法，使整体造型更加完整。包边的设计可以做多层次的延伸：一是包边滚边的颜色可以自由选择而与帮面相呼应；二是包边滚边的宽度可以根据需要做相应的调整；三是包边滚边的数量也可以发生变化。如变单层为双层或更多，也是市面上出现频率比较高的款式设计之一；可以尝试加些小的装饰物，最好是和帮面一样的皮革面料，这也是男鞋与女鞋区别的地方；利用不同形状、大小的金属花冲在皮革帮面上凿出各种图案形伏，给人以新颖别致之感。凿孔可在刀具上镶上花冲，裁帮时即同时凿出图案，这样的花形比较标准。如果手工凿孔，由于样版的反复使用，操作者的视觉、锤头用力的方向和大小不一致，凿成的图案往往不太标准。采用凿孔装饰要特别注意避免在起跷比较大的踝趾关节位置和鞋帮角部位凿孔，以免损伤鞋帮的耐折性能；在凿眼的部位穿装饰条或是小的金属扣，形成平面和立面的对比；在不破坏整体效果的前提下，还是有很多的方法可以寻找和运用的，关键在于你要清楚知道怎样做是对的（图4-50）。

图4-49 整帮款式实例分析图

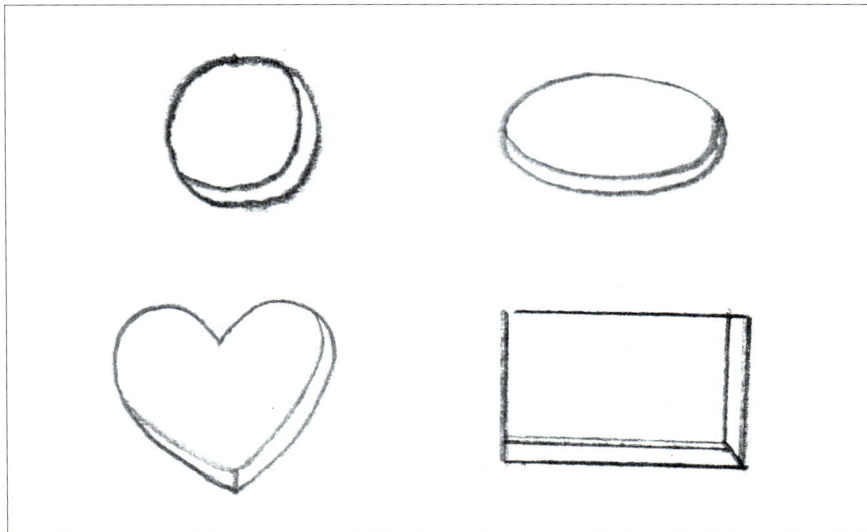

图4-50 凿眼表现效果图

高等职业教育艺术设计类专业实践教材

实例三：

①观察：上面我们讲到男鞋面料的选择可以适当考虑其他领域的面料。图4-51所示的这款男鞋面料也是受女鞋漆皮的影响，采用非常亮的漆皮，上面有松紧物设计，使两者质地对比非常强烈，另有一种风格。

②分析：横坦与帮面是同色系的设计，虽然能浑然一体，但由于过于统一而没有亮点。如果横坦与帮面是不同色系设计的话，一般也会采用邻近色，但很少用质地冲突较大的面料。如图4-51所示，光泽度极好的漆皮材质加上质地非常粗糙的松紧带设计，或许给我们一个提示：鞋面对比强烈可以考虑通过面料质地的对比来增加视觉冲击力，像这样用女鞋最流行的面料——漆皮和男鞋中运用非常普遍的松紧带的结合在相对正装的款式上倒是很好的选择，它可以改变松紧的形状和颜色。由加横坦设计我们可以得到启发：延伸为装饰片的设计或者是加上朋克风格的补丁设计，但已经将设计重点放在材质对比上，尽量还是避免其他因素的变动。

图4-51 整帮款式实例分析图

图4-52 整帮款式实例分析图

实例四：

①观察：如图4-52所示，线的肌理给人留下深刻印象。

②分析：当所有的帮面变化都设置好时，就可以考虑局部的变化，这时候，长度占优势的线就可以成为舞台的主角。包边滚边的设计手法在前一节已讲得比较详细，这里就不再做重复说明。但要注意，线的概念并不仅仅指独立的线条，如图4-53所示，有时候也可以指看得见但不一定独立的线，比如说像图4-46的款式设计一样，可以在整帮上面充分运用线的灵活性，设计比较均匀的肌理，如横纹；也可尝试用竖纹，但要注意工艺处理和邻近帮面的协调关系，条纹肌理采用渐变的方式设计（图4-54）。

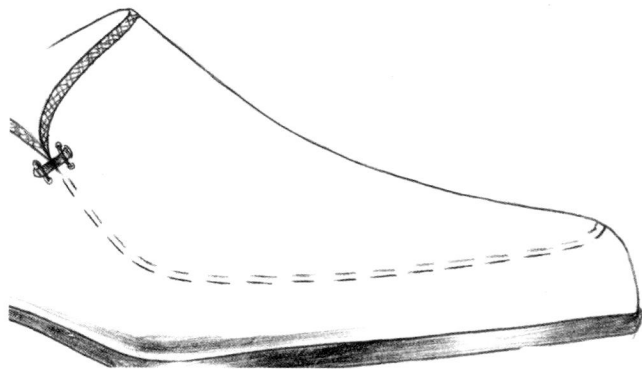

图4-53 车线效果图

图4-54 包边表现效果图

4.4.3 设计效果图

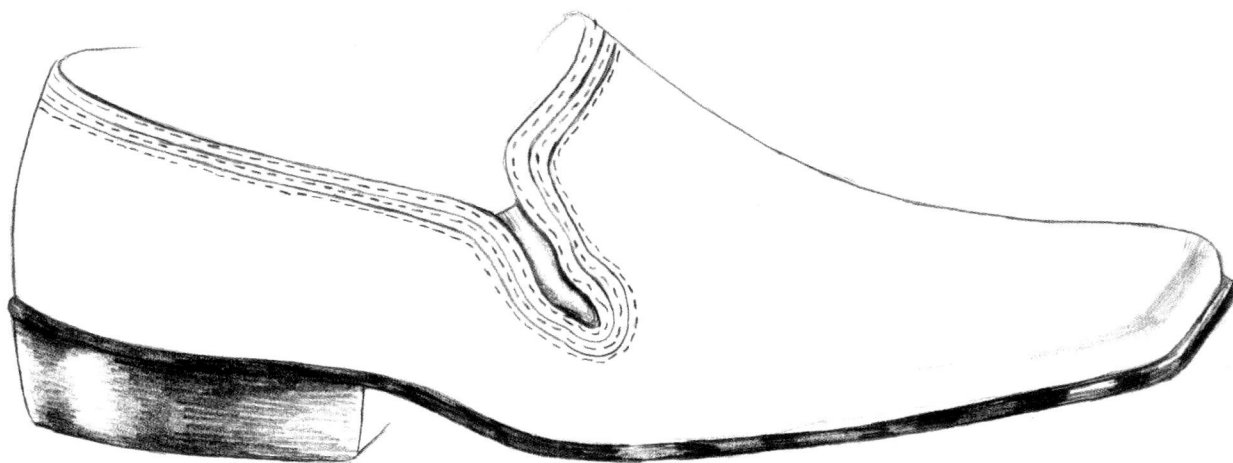

图4-55 整帮款式设计 （作者：蒋淑娴）

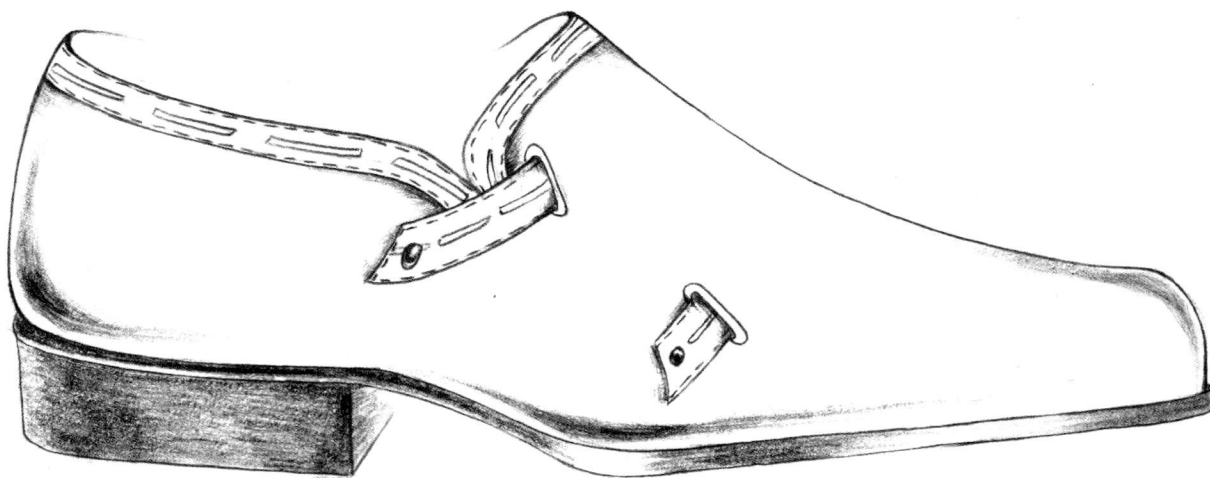

图4-56 整帮款式设计 （作者：谢德萱）

4.5 外耳式设计

外耳式指大部分系鞋带的男士皮鞋设计方式，前帮是一整块皮革，并由两片后页（外耳）组成。特点是穿着牢固大方舒适。从设计面来说，由于耳式造型相对稳定，所以初学者会认为较难掌握。实际上，只要对市场上出现的皮鞋款式进行分析，就能发现其中的奥妙。

4.5.1 结构分析

造型特征：如图4-57所示，颜色采用了男鞋面料的经典色系棕色，传统外耳款式造型，前排不修饰，鞋耳缝在口门外面。

4.5.2 实例分析

整体变化：可以从款式的整体颜色、工艺等进行变化；也可以重点改变部分颜色，如外耳和前排的颜色，面和条的颜色甚至是鞋带的颜色等等。前排可以是完整的，也可以是打断的；可以是直线打断，也可以是曲线打断；可以在断口穿花，也可以是平版的。

细节变化：主要是耳部的外轮廓设计变化，可以设计为方的，圆的，平的，剪口的，直线的，曲线的，有穿鞋眼的，没穿鞋眼的，单排鞋眼的，双排鞋眼的，平版的，花式的等等。

鞋舌　　　前排　　　鞋耳

图4-57　外耳款式结构分析图

实例一：

①观察：如图4-58所示，面料颜色选择出现两个极端，打破了传统的经典色系棕黑色，有颜色鲜亮、光泽度良好的面料出现，造型简练，外耳轮廓和前排变化明显增多。

②分析：与男鞋其他设计来说，耳式设计颜色的运用上相对要沉着一些，但观察近年来出现的外耳式款式，其颜色有越来越鲜亮的趋势，嬉皮爵士风格的因素都被运用到极富传统色彩的耳式鞋中，为此吹来了一阵清新之风。头排可以车假线装饰，也可以打断，如燕尾头的造型，或是进行方向性如横向竖向性的打断，即将一块完整的头排划分成若干块小的帮面，一方面可以省料，另一方面又可以丰富设计内容（图4-59）。

图4-58 外耳款式实例分析图

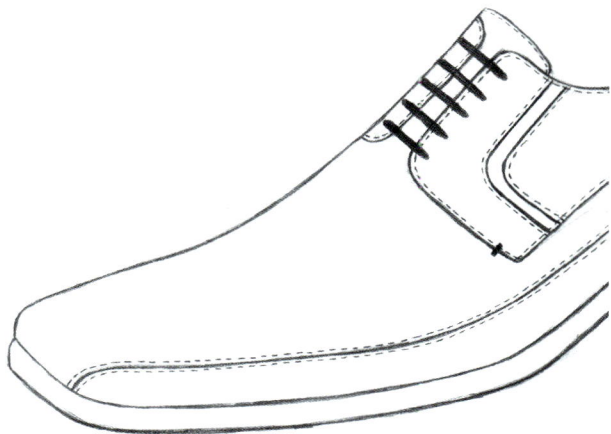

图4-59 外耳变化效果图

实例二：

①观察：耳部外轮廓下线发生变化（图4-60）。

②分析：通过观察比较容易发现，往往是高档的男鞋，它的设计变化会更加隐蔽微妙，线条干净利索，所以我们在设计时，不应该一味追求大的帮面分割，在细节上面可以做些新的小的尝试。比如说下线的变化，耳部的造型从传统的连接处独立出来，成为片式的耳部造型，可以直接连到前排上，或是与前排并列，在后跟处缝合，或是将耳部造型打断，从一整块耳部造型中打开、分离再拼贴回完整的耳部。各种手法的运用都会令人耳目一新。由于独立的耳部造型面积较小，所以设计的自由度也大，可以打破耳部以方块造型为主这一传统观念，进行多形状的尝试。当然，鞋眼部位的排兵布阵也可以产生诸多变化。结合各种工艺造型，如合缝的手法等，更能产生新的设计（图4-61）。

图4-60 外耳款式实例分析图

图4-61 外耳变化效果图

4.5.3 设计效果图

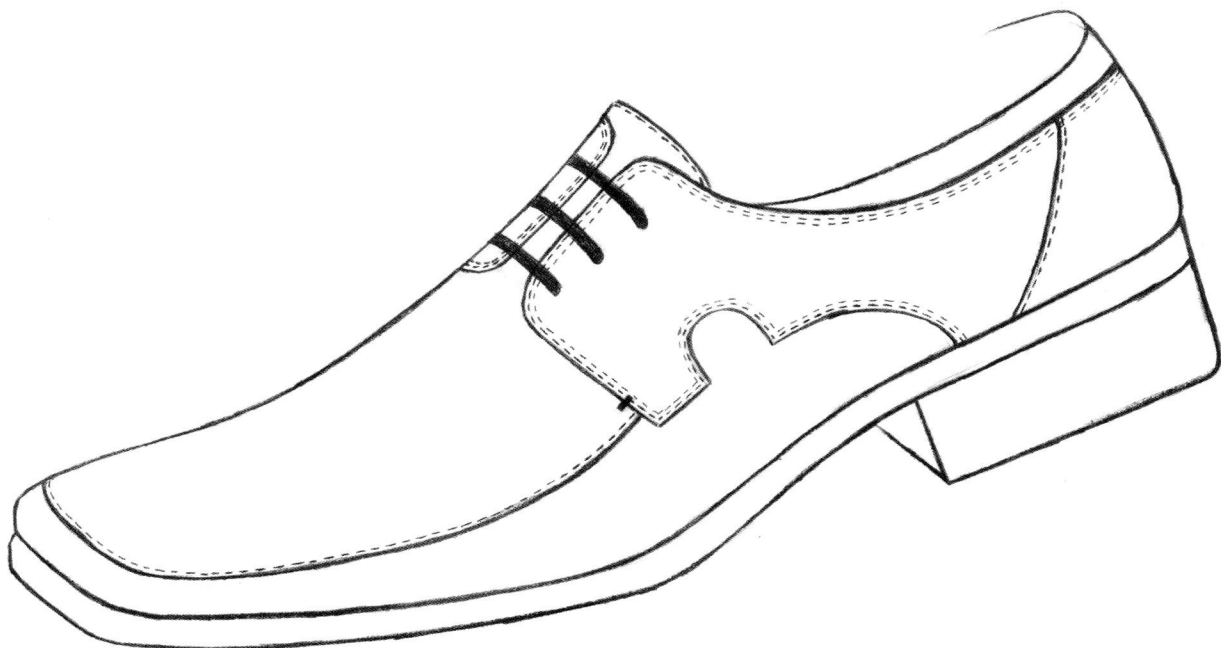

图4-62 外耳款式设计 （作者：何佩盈）

图4-63 外耳款式设计 （作者：何佩盈）

高等职业教育艺术设计类专业实践教材

4.6 袋鼠鞋设计

近年来休闲鞋异军突起，袋鼠鞋作为皮鞋与休闲鞋的完美结合款式受到各年龄层次男性的热捧，其年龄跨度小到二十来岁的学生一族，大到六十岁的老人，其中包括不计其数的上班族，款式也从比较单一的造型向年轻化、风格化发展。袋鼠鞋以休闲舒适为设计的首要条件，全部由真皮制作完成，包括楦体造型都充分考虑舒适性，多采用肥大的方圆楦头，近年来市场上有部分款式在尝试着与正装鞋接轨，取得了可喜的进步，使休闲袋鼠鞋向多元化方向发展。设计师倾向于采用冷色调如蓝或绿色或偏紫红或灰的色彩，使用水牛皮、黄牛皮等营造出时尚感，采用几何图案、拼凑皮革或仿如现代珠宝首饰设计一般华丽的装饰。

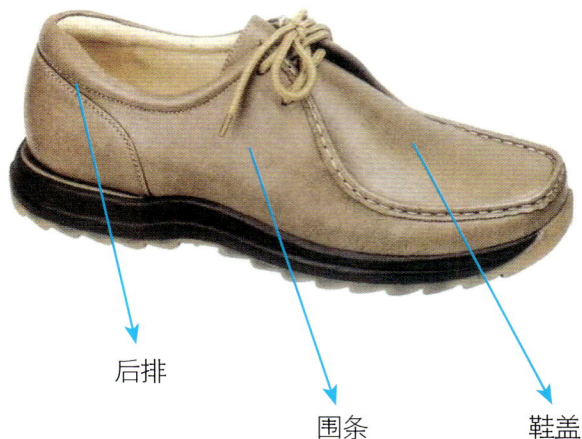

后排　围条　鞋盖

图4-64　袋鼠鞋结构分析图

4.6.1 结构分析

造型特征：鞋盖造型类似袋鼠的局部（图4-64）。

4.6.2 实例分析

整体变化：没有上面介绍的款式变化明显，主要是以局部变化带动整体风格的改变（图4-65）。

细节变化：主要是鞋盖外轮廓、围条帮面、后排外轮廓的设计变化。

实例一：

①观察：有明显的颜色对比，鲜艳的色泽分布在鞋楦的头尾部，相互呼应；质地浑厚牢固，主体色泽复古，起埂造型明显；主要设计集中在围条上，采用打断、拼接、缝合等多种工艺手法。

②分析：袋鼠鞋的造型比较固定，所以很多时候都需要从其他细节上去发现，围条由于面积相对较大，就很容易成为设计的重点。最直接的设计方法是将其打断，然后用不同的工艺手法进行合缝，增加观赏性；或者直接在围条上放置小的装饰片，这样做的好处就是不会影响到取版。在上一章节我们讲到，设计师在刚开始从事设计时，往往倾向于追求新颖的设计，而忽视了产品的商品性质，即生产因素、成本因素、工艺因素等等。而设计的皮具如果只是好看却缺乏实用性的话，则不适合生产。当然，也不必过度分割，要知道在设计作品投产时，帮面分割过小过多也会造成产品误差增多（图4-66）。

图4-65　袋鼠鞋实例分析图

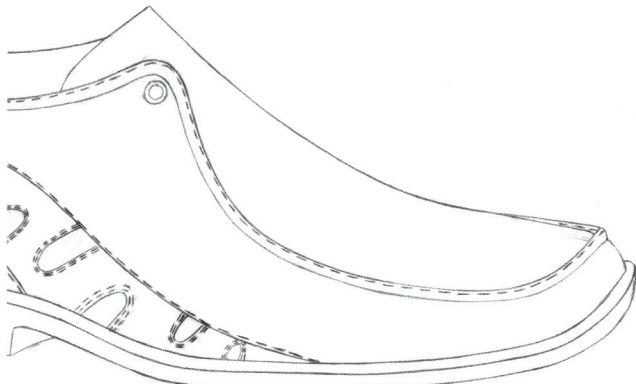

图4-66　起埂表现效果图

实例二：

①观察：质地牢固，色泽复古（图4-67）。

②分析：鞋盖的袋鼠式边缘最早只是起到固定作用，但现在越来越多的设计师在这个狭小的空间发挥了无限的想象，将实用性的部位转化成既实用又有观赏性的设计，开拓了款式的全新发展新局面。如图4-68所示，这款袋鼠鞋摆脱了普通的光边设计，进行了添翼处理，将边延伸设计成了左右对称的几个小耳朵，当然方或圆的造型都可以，分开的耳朵造型也可以，连在一起的造型也可以尝试，更有甚者，让耳朵造型由平面变成了半立体的层叠式，采用了叠边设计，增加了鞋面的情趣，增加了帮面的装饰感，提出了新的设计可能。注意：在设计小耳翼时，因为是男式鞋，所以不宜过圆，一般为方中带圆为佳，片数划分也不能多，一两片耳翼即可，如耳翼较多时，注意大小成规则渐变。

图4-67 袋鼠鞋实例分析图

图4-68 起埂表现效果图

4.6.3 设计效果图

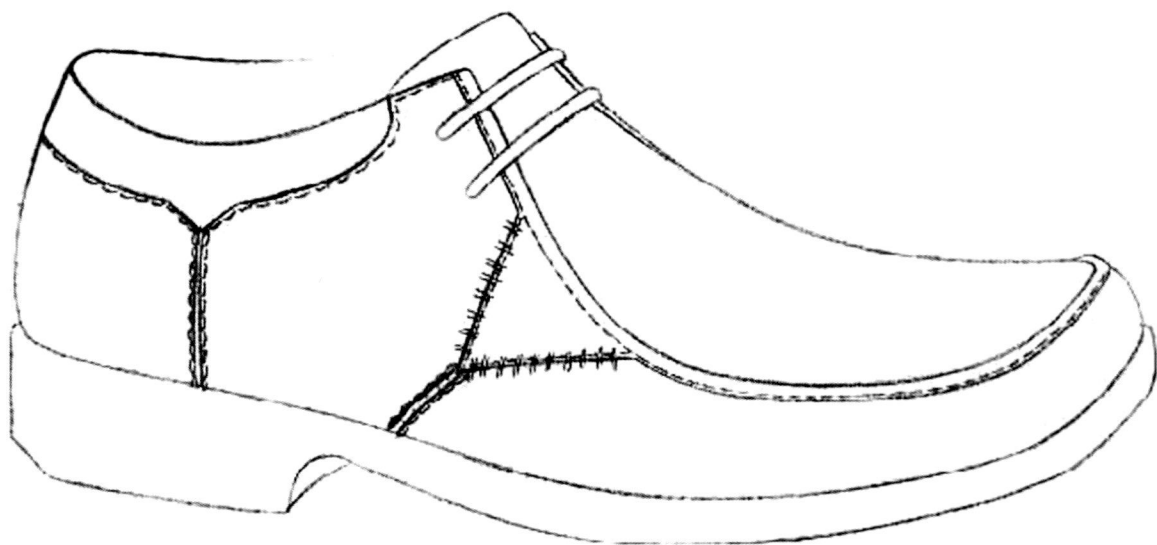

图4-69 袋鼠鞋款式设计

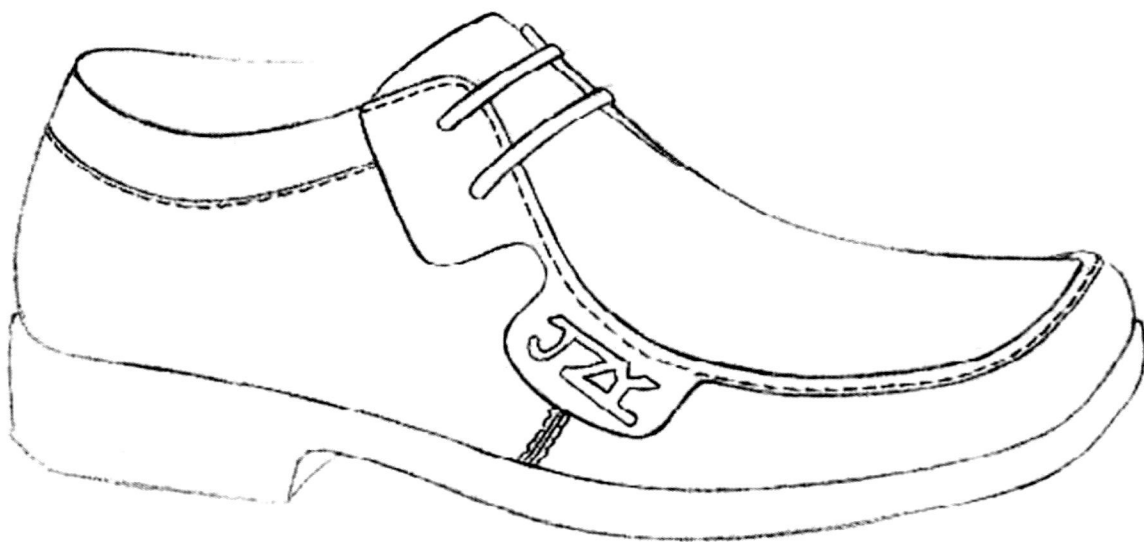

图4-70 袋鼠鞋款式设计 （作者：金章隐）

图4-71 袋鼠鞋款式设计 （作者：黄立钜）

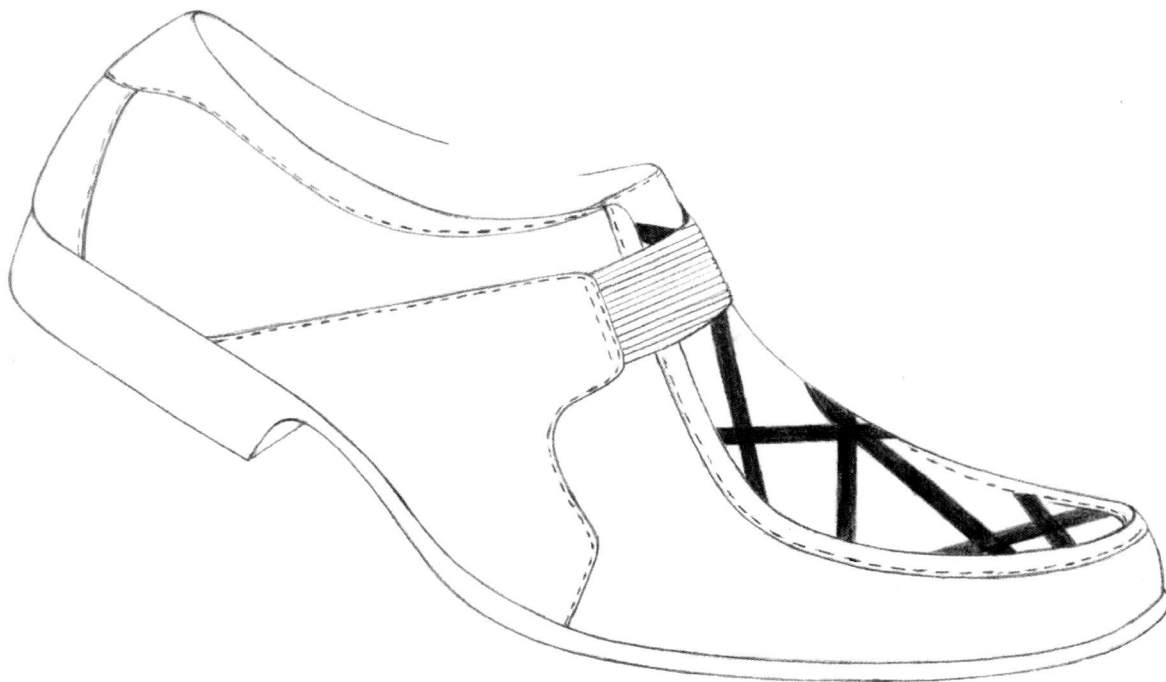

图4-72 袋鼠鞋款式设计 （作者：黄立钜）

高等职业教育艺术设计类专业实践教材

鞋样造型设计学习过程中，通常都过分强调结构比例的重要性而忽视造型比例的作用，这使得很多初学者在学习初期困惑重重，不知道怎么样才能画出标准的手稿，下面我们重点对男鞋的基本比例进行分析。其实，无论在实用鞋设计还是概念鞋创作中，正确的比例都有着极其重要的地位，只是它们的表现方式不完全相同罢了。笔者在多年的造型授课中，经过分析和研究发现，鞋造型和鞋结构一样，依附一定的客观数据，常需要考虑款式的美观而做相应的调整，使我们产生了没有固定数据的假象。换个角度说，鞋样专业是一门应用性很强的学科，要业内人士认可你的作品，没有可靠的数据做参照几乎是不可能的事情。

传统的鞋样手稿学习，应该是经验味很浓的衣钵式教学，也就是我们现在看到的企业中师傅带徒弟的形式。初期是自己跟着看，跟着学，实践过程中从完全不准确到有一点儿像，再到比较像，在师傅的修改意见中越来越符合标准，这是一个相当漫长的过程。回头看这种学习过程，其实就是细碎繁琐又紧密联系的各种数据。实际上每一位资深的设计师都有一套成熟的标准来衡量自己或别人的作品，而这套标准概括出来就是准确的数据，它根据自身设计的需要不断地调整出现而已。

下面，我们以实用男舌式鞋在A4纸上的绘制过程为例，演示比例作图的可能性。（相对于女鞋来说，男鞋的大部分数据相对固定一些。主要的变化集中在跗背部位和楦头的设计，鞋长和跟高变化不大。）

① 定位线的确定。在A4纸的下方作一条斜线，约与画面水平线成30°。此为男鞋的定位线，楦头低置后跟高放有利于画面的平衡。在定位线上取AB两点即鞋子的侧长线。以男鞋的标准码42码为例，实际长度约为278 mm。我们要求学生尽量跟实际物体接近，受到纸张的限制，一般取200 mm左右的一个长度表示其侧长。取AB的中点M点，为最外突点的位置。实物中，最外突点的位置比楦头的距离还要短些，但通常为了美观，我们都将这段距离拉长，所以，折中是左右逢源的好位置。考虑到实体后跟宽为70～80 mm，差不多是到最突点的1/2，所以再取MB的中点M′，M′B就是鞋后跟的长度（图4-73）。

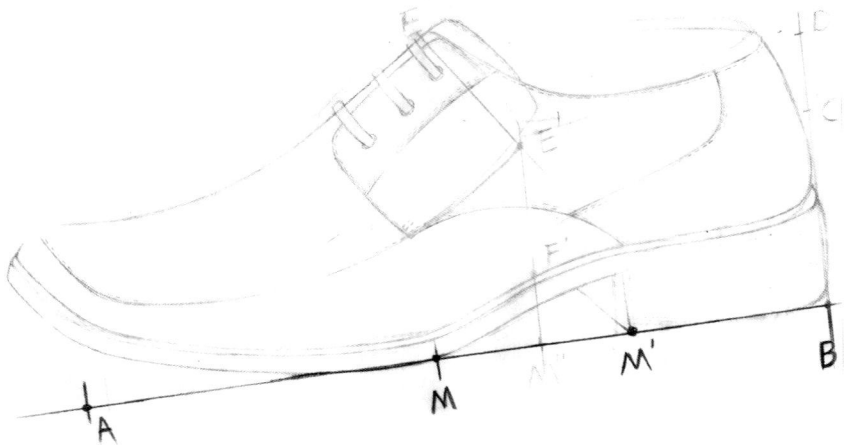

图4-73　定位线

② 前翘线的确定。过中点M作一条斜线与AB成10°左右的角度，到A点上方止。这条是前翘线（图4-74）。

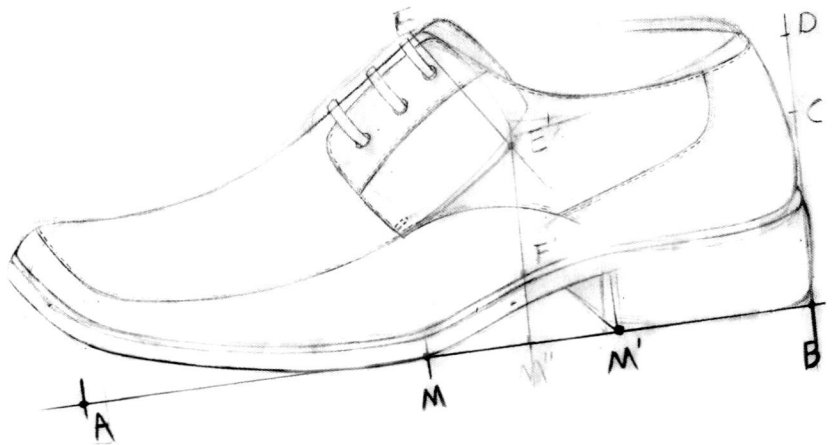

图4-74　前翘线

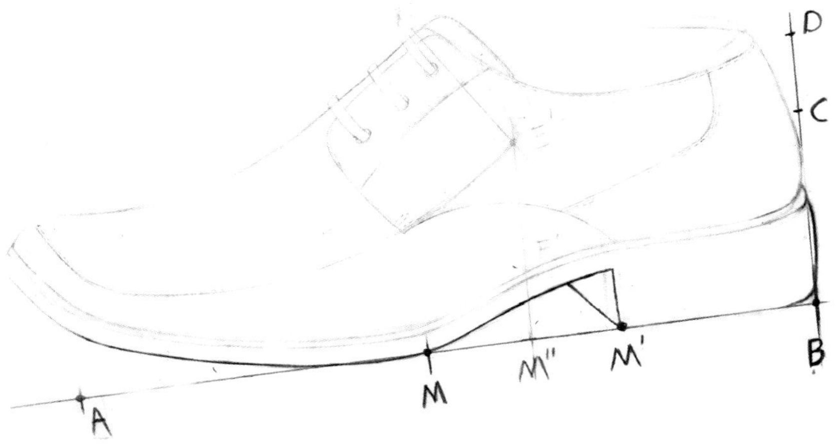

③后跟高的确定。过B点作AB的垂线，在上面取BC约等于$1/2MB$的长度。实际鞋跟高约为20～30 mm，与起宽形成1：2的趋势。实验表明，普通鞋款造型运用这个比例还是可行的。这样三条一定比例的辅助线就基本框定了鞋底和鞋跟的构成。然后我们依次画出后跟和大底的高度和宽度（图4-75）。

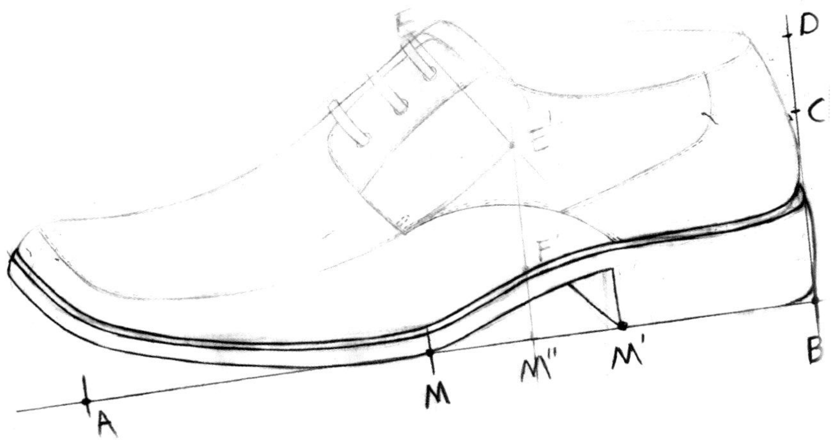

图4-75　后跟高度线

④大底的完成。具体从哪里画起，根据个人的习惯。初学者可以从脚弓这条线画起，有助于控制上下组成部分。脚弓线反映到画面上就成为大底线和子口线。先画大底线，在BD的2/3处取一点C，过C点作后跟的高度线，接近跟内侧时将高度收起来，形成一定的透视。延伸到中点位置的时候要注意结合曲线，不然会太僵硬，也不符合工艺要求。画到A点上方时，线条向上倾斜，与AB线形成45°，根据设计需要变化楦型。注意，表示宽度的结束线是斜线，表示高度的结束线是垂线。要求线条笔画流畅，有弹性，转折处处理则要圆滑一些，不能太尖刻（图4-76）。

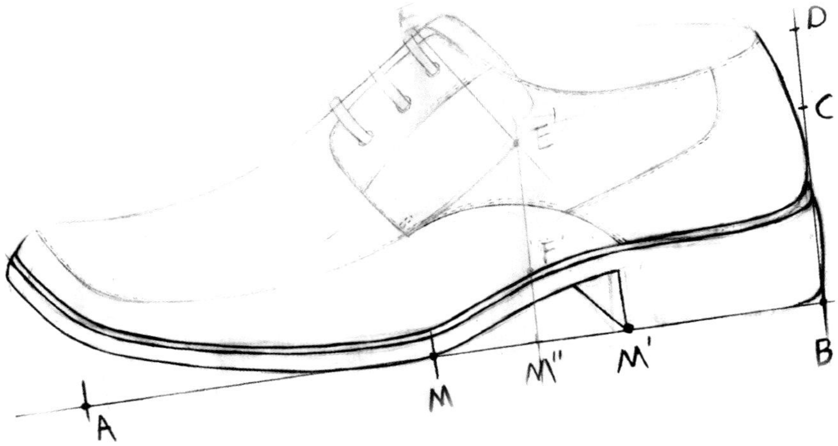

图4-76　大底辅助线

⑤鞋后帮的绘制。延伸BC到D，使CD约等于$1/2CB$长。因为鞋后跟高通常控制在20～30 mm，数据相对稳定，与跟高60 mm之内可以形成倍数关系。这在学习的初级阶段是可以用来参考的。取BD的1/3处，经过此处画圆弧状表示后跟线（根据人解剖学原理分析，这里正好是脚骨的最突点，在作画时应体现这一点）（图4-77）。

图4-77　后帮高度线

⑥鞋帮高和口舌侧宽的确定。作MM'的中垂线$M''E'$，交子口线于F'，垂线总长度约等于脚后跟高度的中点到定位线的距离（即CB的距离）。正常的侧帮宽为50 mm多，加上到定位线的距离，控制在60 mm左右还是比较合理的。然后过E'作与定位线成60°角的斜线段$E'E$，$E'E$约等于$E'F'$长。虽然实际的口舌一半长度要窄于帮宽，但我们最常用的作画角度是侧面带俯视，一定程度上增加了口舌的半面宽，所以可以这样推测（图4-78）。

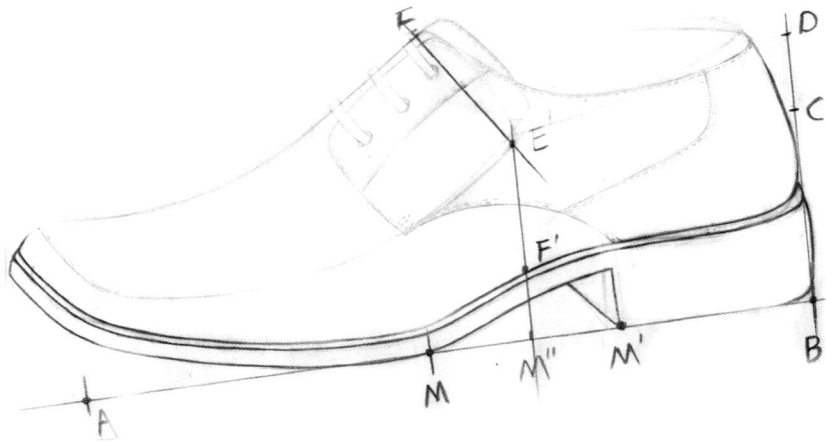

图4-78 口舌侧宽

⑦手稿的基本完成。鞋面最难把握的是后跟的高度和口舌的位置，这两样有了相关的数据之后，就较容易画了。然后用流畅的线条画出鞋口线，将口舌线改圆弧状，根据楦头的形状画好跗被背线，将其余的线条补充完整作圆滑处理就可以了（图4-79）。

如果要在类似的楦上画其他款式的皮鞋，只要在这组数据上稍加变化即可（图4-80）。

在手稿绘制中，相对地固定一些数据可以更快地接受新形象，成倍地缩短绘制时间，使整个鞋面看上去更严谨。但是比例作图更适用于学习初期的辅助阶段，保证一定的形准。自己能够熟练控制形的时候，过分地讲究数据比例也会限制创作思维和想象空间，出现倒退现象。所以，如何在纯数据、相对数据和无数据之间找到一个平衡点还是创作的关键。

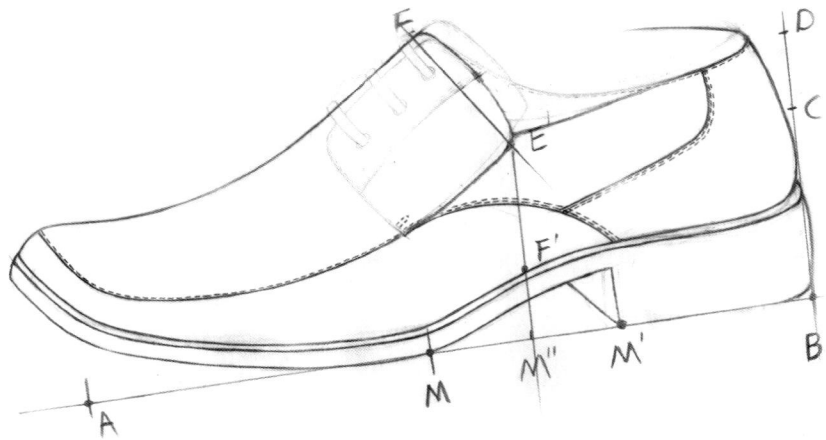

图4-79 基本完成稿

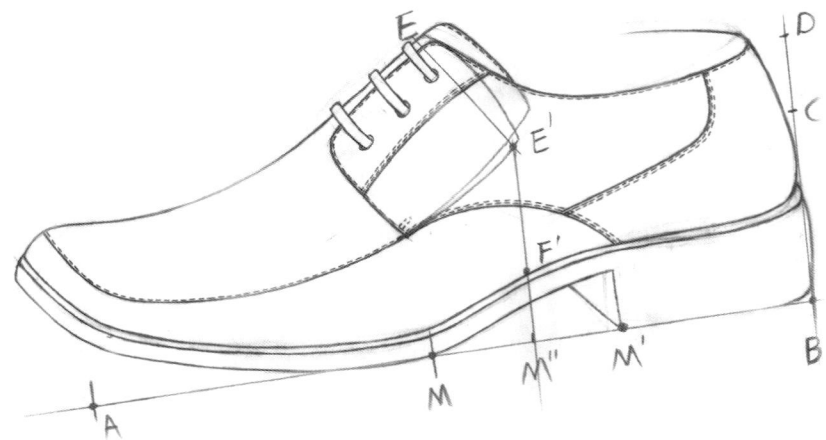

图4-80 完成稿

5 男式皮包设计

5.1 钥匙包设计

在现代生活中，皮包是人们不可缺少的实用品，不仅起着收集、携带、保存物品的作用，还具有审美性能。随着人们对皮包功能化的深入了解和需要，越来越多的设计者对皮包设计有了进一步的接触和探讨，更多的功能性产品被陆续设计出来。

钥匙包就是将钥匙等尖锐物品从大包中分离出来的产物。最早的钥匙扣是一个单纯的圆环钢扣，所有的钥匙都套在圆扣上，便于储存。后来人们在圆环钢扣上放各式的面料做装饰用。面料的不断改变与革新，慢慢演化成不同种类和不同造型，直至现在的钥匙包皮料为主，将钥匙包裹其中，成为独立的款式。虽然皮包的设计上可能是女性消费花样更多，但如果你有留意时下市面上流行的皮包设计，就不难发现，各种各样的男式钥匙包正在形成新的消费趋向，因为它的实用性种类多。同女性钥匙包的绚丽多彩相比，男性钥匙包重视真皮皮质的选择和别具匠心的风格设计，在颜色中趋于棕、黑等稳定色系，但在使用功能上更费心思，包容的空间更大。现在的钥匙包不仅将钥匙根据不同的需要分门别类存放，节约拿取的时间，存放更多的钥匙，更是消费者品位的细节体现。

现在，我们以时下最流行的钥匙包款式为例来演示当钥匙扣与零钱包等多种功能综合于一体的设计是怎样来表现的，其皮质面料是如何在实用的基础上大放艺术光彩的。但作为实用品，我们在设计时，更多考虑的应该是它的实用性。钥匙包的外部基本上以皮制面料为多，皮制面料比帆布面料触感更为柔和，比棉布料厚实，更有安全感。但在效果图设计时，我们一般不对真皮做效果展示，除非是纹路特别明显的如鳄鱼皮或是鸵鸟皮等，通常在短时间内只对其结构工艺等做准确的阐释。前后片以小块规则皮做连缝，增加牢固度。而外围设计通常使用长条拉链，方便拿取，又有一定的容量。通常为了增加实用的功能，都会在钥匙包的背面镶入零钱夹，也多以拉链束口，防止硬币等掉出（图5-1，图5-2）。

图5-1 钥匙包实物图

图5-2 钥匙扣实物图

高等职业教育艺术设计类专业实践教材

5.1.1 外部组成

钥匙包的外观设计结构上基本可以分为两种：一种是袋式造型，包的四周由拉链来包裹，类似于手包的微缩版。以单线效果图所示，双层的设计，大方明快的整体造型密封性好；另一种如实物图5-3所示，由单层分三个块面叠合，大多款式内置回扣代替拉链，或是皮扣固定，在造型上更加简练；或是毛刺固定，但毛刺容易拉伤，影响格调，多运用在中低档次的商品中，真皮皮具很少用它。钥匙包作为新生品种，其艺术设计也日益受到人们关注。同皮鞋鞋面设计一样，钥匙包的外观可以采用车假线，设置铆钉，激光雕刻，印花压纹，加装饰片装饰条等设计手法。

钥匙包虽小，却同样继承了包袋设计的三大要素：款式结构要素、材料要素、色彩要素。由于篇幅限制，我们在这里着重介绍如何做快速有效的平面设计。钥匙包外面的结构相对来说比较简单，因为钥匙包本身的体积偏小，所以尽可能选用整块皮料，保守路线选择平版面料，新类设计则选择纹路夸张、平面造型奇特的材料。形状可以设计为规则的长方形，四个角略做圆弧处理；也可以是不对称的真皮边角的使用，制造精灵古怪的原始效果。偶尔也使用褶皱等装饰手法，但也得考虑不能过多地增加工艺成本。钥匙包的外部组成一般由面料、五金配饰、线迹以及面料背面所托附的辅料构成。在制作设计图时，先确定大面料是哪种真皮，搭配哪种五金配饰。实践证明，在效果图中进行车线的设计最为实用和经济（图5-3，图5-4）。

图5-3 钥匙包外部实物图

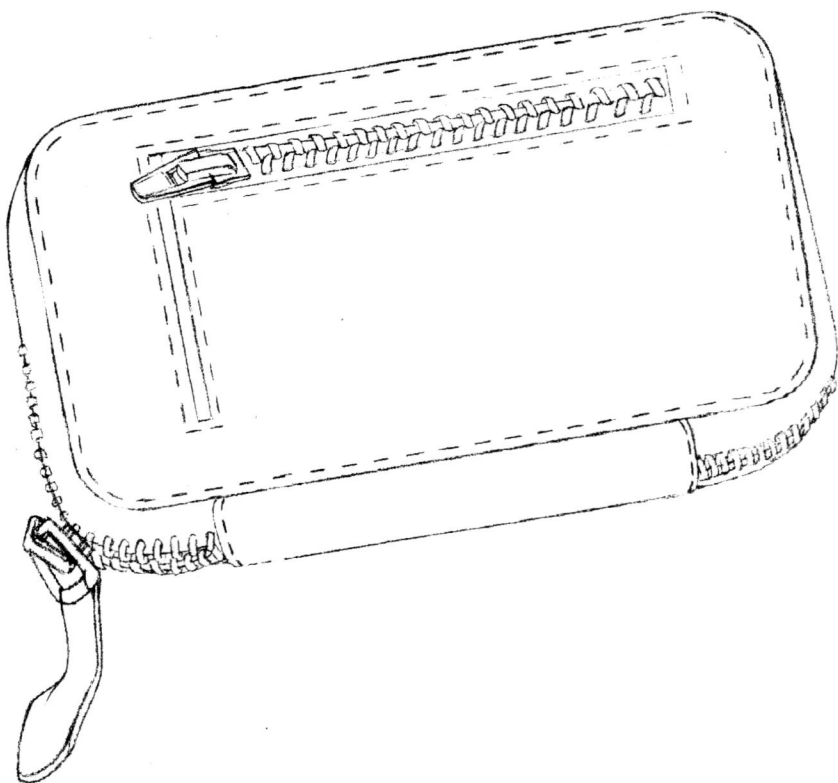

图5-4 钥匙包外部效果图

5.1.2 里部组成

里部结构为两层居多，常见的辅料有海绵、回力、杂胶、露华里、灰板纸、牛皮纸等等。在钥匙包的一侧设计一个大的钥匙扣来放成串的钥匙，钥匙圆扣一般采用不锈钢的金属扣，形状多为正圆形或水滴形，用来放使用频率相对来说比较均匀的钥匙。由于钥匙本身的体积固定而钥匙包的体积不宜过大，所以这一侧放一枚钢扣即可。在另一侧装上一排挂环来放单个钥匙，用来存放使用频率相对来说比较高的若干钥匙。通常挂环形状为三角或是椭圆形，以数个小环连接，保持一定的间距，方便寻找。主要的两侧都可以放置一小块真皮，减少钥匙对皮套的磨损，有效延长钥匙包的使用寿命。

里部效果图的主要作用是标明里面的结构和放置的小物件的形态和品种等，不需要做过多的艺术效果处理，交代清楚即可。效果图中转边宽度是绘制的一个难点，体现设计师的塑造基本功，可以遵循石膏几何的表现方法来做。当几种里料综合使用，质地相差比较大时，需要做简单的体现。比如常见的皮革与织物，在做局部效果图的时候，注意对其结构进行归纳和概括。如拉链的设计，以整齐均匀为主，小的变化可以忽略；转折的地方需要标注清楚，如金属扣的固定方式具体是怎样表现的。挂扣在材料选取上是相同的，所以在设计的时候可以做符号化处理，有利于集中表达中心思想（图5-5，图5-6）。

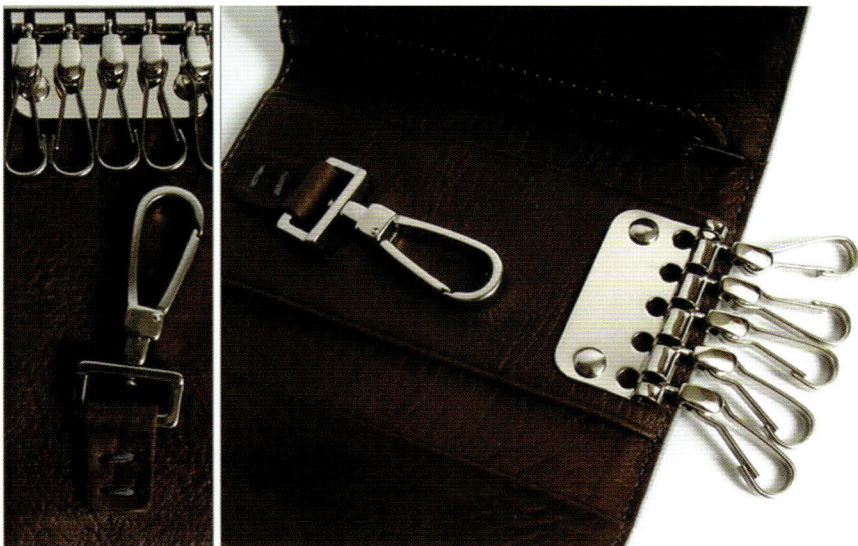

图5-5 钥匙包里部实物图

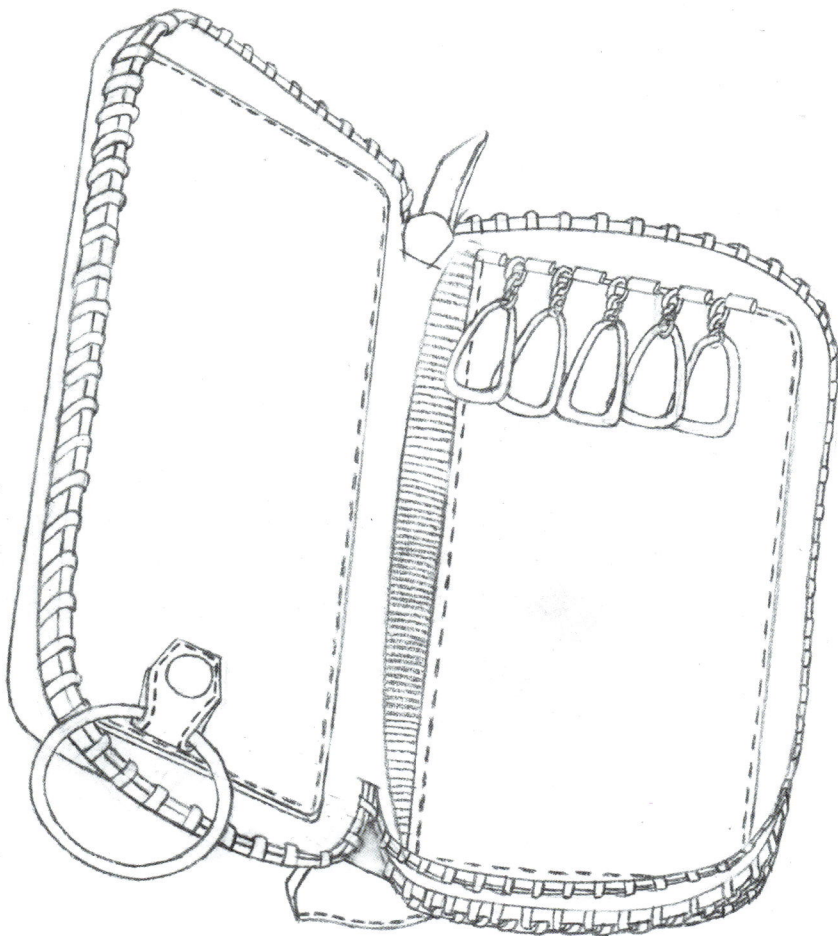

图5-6 钥匙包里部效果图

高等职业教育艺术设计类专业实践教材

5.2 钱包设计

钱包是男士必不可少的皮具之一。男性比较认可的钱包应该是各种真皮皮革制作的高档皮具产品，它的功能主要是货币储藏，包括纸币与信用卡，部分款式也设计零钱夹，属于功能集中的皮具种类（图5-7）。

5.2.1 外部组成

男式钱包外形多为方正款式，外部造型主要分为方块形和长方形两种。两种造型的皮质钱包面料共同的特点就是极少做过多的装饰，多以皮质本身的颜色、纹路来展示设计风格。女式钱包外部组成相对复杂，外部配饰包括车线装饰，加上铆钉的排列，创造出简单优雅的气质（图5-8）。

钱包的外观效果图设计比较简单，重点是将其外轮廓造型和面料皮质表达清楚。外轮廓线绘制完毕之后，描绘上缉线。包体表面有排列有序的鸡眼、撞钉，根据点、线、面的变化可以增加画面的变化。缉线就是我们常说的车缝的装饰线，装饰线多见六股线和九股线，也有四股线的。颜色既可以和包体不同色，也可以是对比或互补关系；可单线也可多线，根据款式设计风格来定。时间允许的话，可以将效果图做简单的明暗处理，增强画面的层次感和皮具的质感。

图5-7 钱包外部实物图

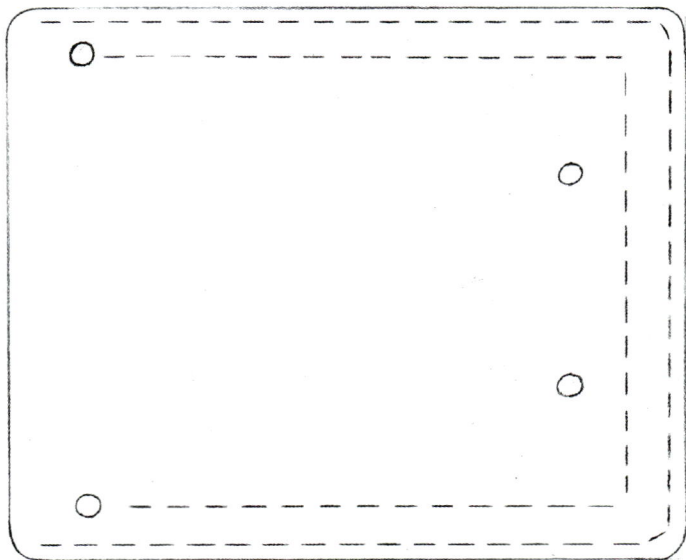

图5-8 钱包外部效果图

图5-9　钱包里部实物图

5.2.2　里部组成

一般在钱包的外部组成和内部组成之间衬托一些辅料来支撑加托，虽然从外表上看不到，但它们对整体形态、手感和使用性能却起重要的作用。里层的结构基本上分为横面和竖面。我们以横面为例：分为左右两侧，内外两层，左侧可放置需要显示的卡面，右侧可放多张卡，内层放现金，简单实用（图5-9）。

虽然钱包的里部设计大同小异，但有些基本的原则是需要设计师时刻关注的。比如在对内侧进行造型时，需要注意上下层面的区分，因为这一步骤直接关系到实线的表达和车线的运用。工艺车线与烫边定型的效果表现是不同的，前者用虚线表示，后者用实线。插卡的位置要进行控制，要等距离表示，中间留有一定的空余用来折合。边角处理不能太方，一般做圆滑状。最多的插卡位为横向4个，竖向6～8个。由于每个卡位之间都要留有一定的间距，所以不可随意设计数量（图5-10）。

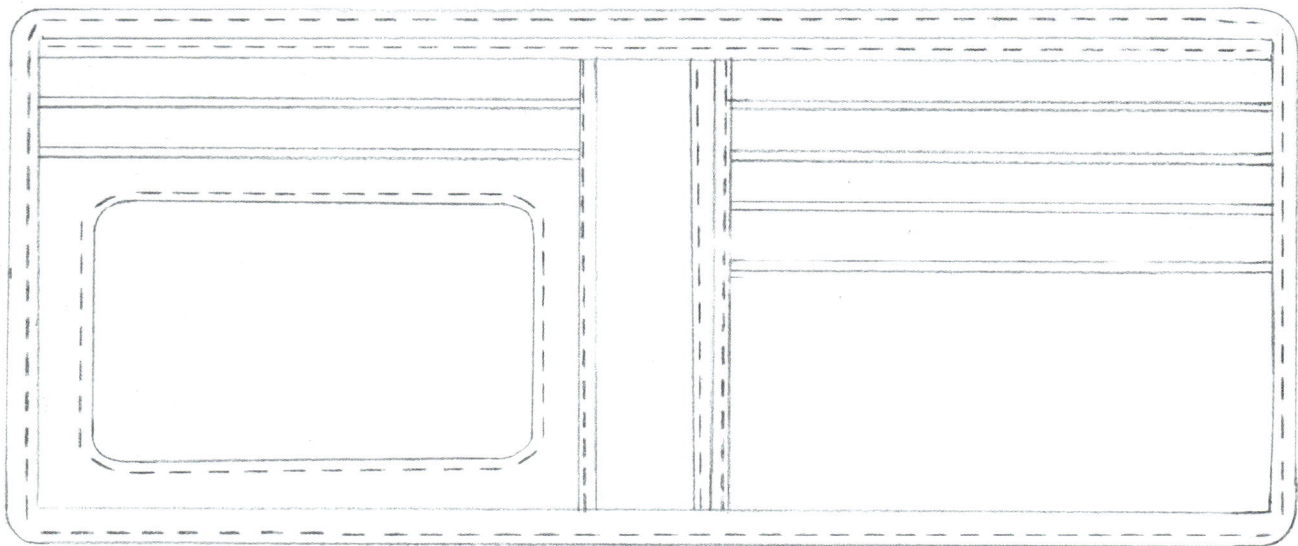

图5-10　钱包里部效果图

5.3 手包设计

现在越来越多的男士使用手包，它包含了钱包和钥匙包的相重功用，比休闲包轻巧方便。手包的设计也是以真皮面料为主，其中牛皮用量相对来说是最大的，能凸显档次。手包的表面基本上不作过多的镶嵌处理，以整洁大方为主。工艺设计以内缝合为主，很少出现如钱包设计上的车线装饰（图5-11）。

在对手包进行造型设计时，最重要的是思考如何在最简要的方式下体现其含蓄内敛的艺术效果。可以参考现有市场上的几何图形处理设计法，避免出现过于花哨的图案。区分宽度和厚度的立体轮廓线及透视的近大远小原理（图5-12）。

图5-11 手包外部实物图

5.3.1 外部组成

手包的外部组成类似于拉链式钥匙包的外观，厚度30～45cm不等，以男性手掌微微合拢的宽度为宜。手包表面不像挎包一样做各种打断和缝合，基本上不做过多的镶嵌处理，以整洁大方为主，工艺设计以内合缝为主，很少出现钱包设计上的车线装饰。

但是，很多的男士手包设计上都设置了装饰片来表现设计师的设计意图。最常见的是横向的长条装饰片，宽度在2～3cm，内合缝工艺处理，在装饰片上进行激光雕刻或是放金属扣等，以增加包面的装饰性；也有将版面直接打断，做较为复杂的曲线处理，在各个断面上镶嵌各种形式的铆钉或是粗犷的金属链条，体现设计风格；也有采用大块面的拼图设计，拉出毛边，走休闲路线。

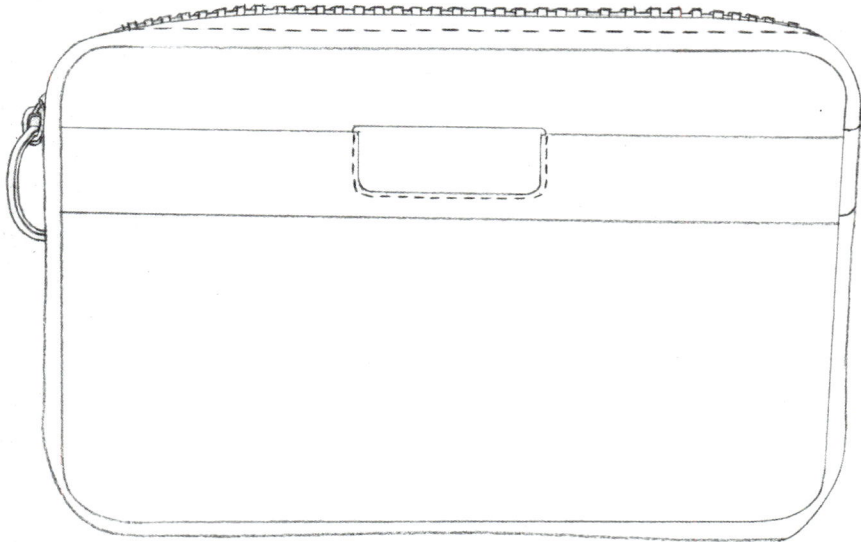

图5-12 手包外部效果图

高等职业教育艺术设计类专业实践教材

图5-13　手包里部实物图

5.3.2 里部组成

手包的里部组成由综合钥匙包、钱包、卡包甚至是挎包等各式皮质包袋的多种功能浓缩而成。

手包内部的设计要考虑到它的功能性，即如何体现其各个部位的实际功能，一定要对实物进行剖析，才能真正掌握其变化规律。基本设计思路：一边内侧设置拉链，用于放置比较重要的物件；锁上钥匙扣可以挂数片钥匙，位置设计可靠近夹缝，占有足够的空间。另一侧可以放小东西或是零钱等。当然要有充足的空间放置小的东西如通讯录等。效果图设计时，需注意画面的疏密结合。拉链是体现密集效果的最佳位置，可以做重复描绘，简化画面的细节变化。小口袋设计可以比较随性，线条交代清楚就可以了（图5-13，图5-14）。

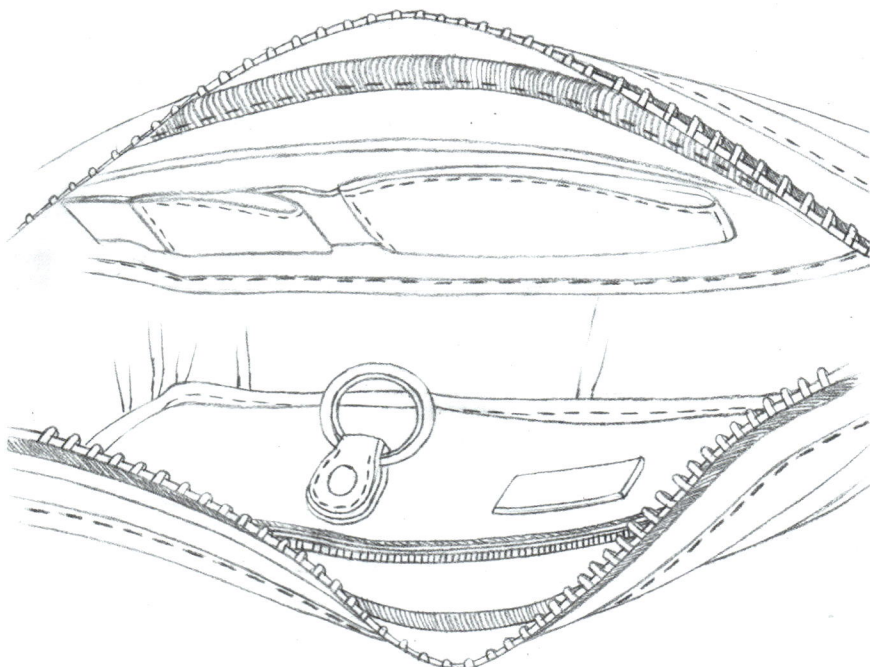

图5-14　手包里部效果图

5.4 多功能包设计

近几年，随着男士们对皮包皮具要求的日益提高，具备多种功能的多功能皮包应运而生。此类皮具外表继承了传统男士包简单方正这一特点，工艺设计上精益求精，强调整体感，而功能上又比休闲包等更具商务性能（图5-15）。

图5-15 多功能包实物图

图5-16　多功能包外部效果图

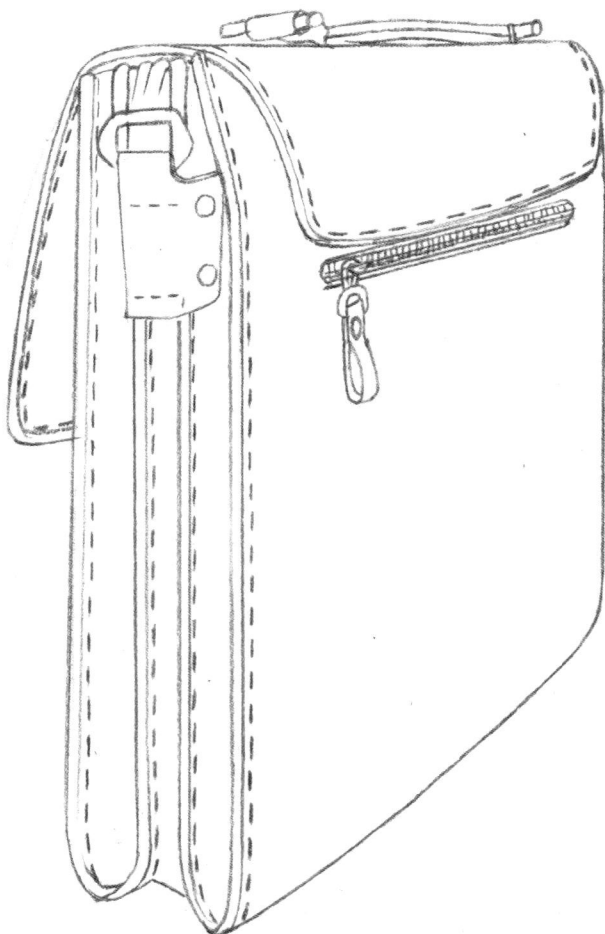

图5-17　多功能包外部效果图

在对多功能包进行平面效果图展示时，需要注意的是透视的基本准确性和条理的清晰度。外围翻面基本上是总长的1/2，或者稍微超过1/2。结合部位系以金属扣，这与其他款式的皮具略有不同。横面位置可设置若干个金属环，挂个小挂件。设置长短两用的背带，可以仼意置换调整。整体都滚边设计，描绘车线，增加画面的整体感。

5.4.1　外部组成

多功能包的尺寸大小比较固定，其外部造型简单、线条流畅，不容易变形。肩带长短可以自由转换，所以在包的上端注意设计肩带扣。在多功能包的背面镶上拉链，可以放小量的卡或是纸面材料。空间通常设计为2～3个容量，可分门别类放置如书本、账本等厚实物品，贴身设计手机带、钥匙带等多种用途。多功能包内部结构类似手包，只是容量更大些（图5-16，图5-17）。

外观外轮廓设计形态以方正形居多。但近些年其设计理念受到中性设计思维的影响，也逐渐出现微圆造型。横面位置可设置若干个金属环，挂个小挂件。设置长短两用的背带，背带的造型尤其多变，可以是平板的，也可以是环形缝合的，可以任意置换调整。外观造型以简洁为主，也可以设置明、暗夹，用来放置物品。外部固定方式可以是扣式固定，也可以是金属吸铁石或两扇面之间用粗拉链来整合。整体都滚边设计，描绘车线，增加画面的整体感。

5.4.2 里部组成

普通款式的多功能包内部结构大致相同，拥有磁性褡扣拉链封口袋一个，内侧手机零钱袋各一个、拉链壁袋一个，外侧拉链壁袋两个，磁性褡扣袋一个，壁袋两个等等，具体部件数量视设计需要来调整（图5-18）。

多功能包的里部设计主要是根据消费对象的需要，对内部结构的数量、形态造型、位置变化的重新定义。比如说磁性褡扣的形状、拉链封口袋的形状、内侧手机零钱袋的形状等等（图5-19）。

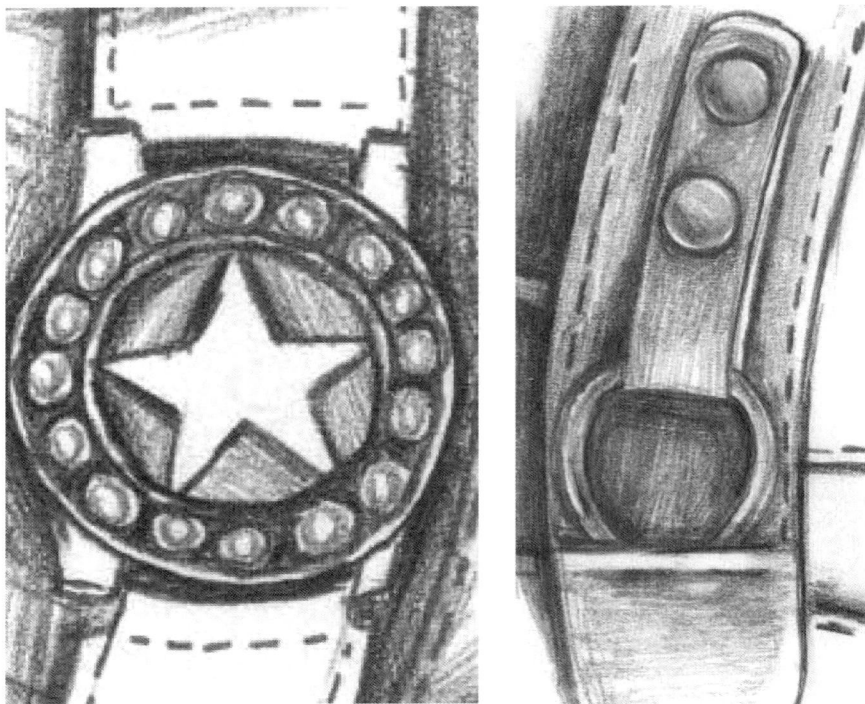

图5-18 金属扣效果图

图5-19 多功能包里部效果图

6 男士皮带设计

6.1 针扣式设计

　　针扣式皮带的定义是根据它的皮带扣的造型取名的。皮带扣通常是整条皮带的最终固定方式，以针式穿皮带孔固定，我们称其为针扣式设计。设计主要分为两大部分，一部分是皮带头的设计，即皮带扣的设计，可以是方正的、圆弧的、字母形状的或是花饰设计的，根据消费者定位不同而进行设计（图6-1，图6-2）。另外一部分是皮带条的设计，包括各种形态的造型变化和各种工艺手法的表现。

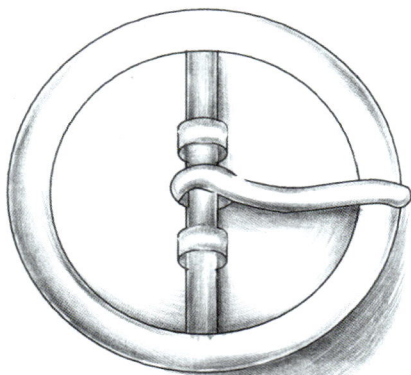

图6-1　扣表现效果图

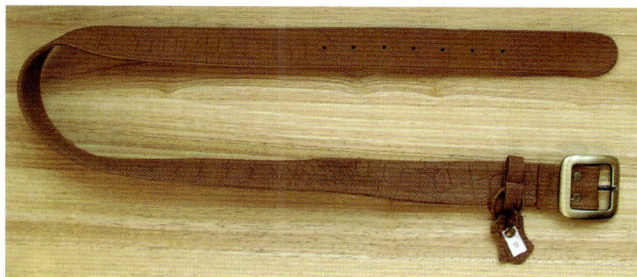

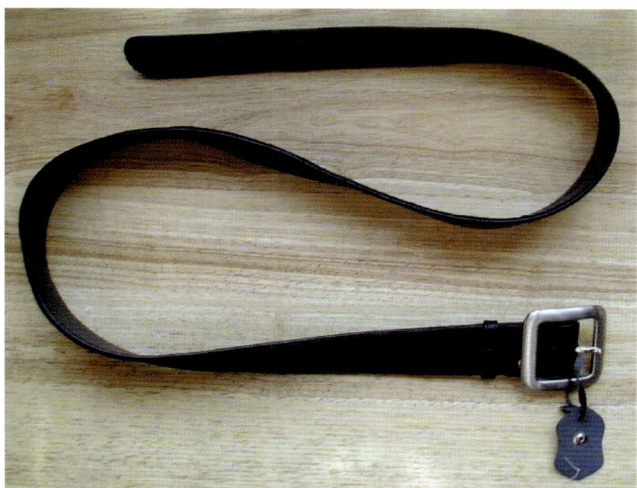

图6-2　针扣式皮带实物图

男式皮带是非常强调实用性的皮具，设计点非常集中。一是皮带的金属扣，针扣式皮带自然是针扣固定，所以在扣的设计中，周围围扣的设计比较简单，多用方形或是圆形；偶有不规则形态，但其出现概率较低。中间的扣为长且粗或是短且细的扣，从使用方便角度考虑，它不像鞋扣的设计有多枚针扣，一般只有一枚针扣，主要起固定作用。皮带扣同侧都会设计一个或若干个皮环扣，使皮带回穿时更加稳定。皮环扣内侧用线缝工艺或是铆钉固定在皮带内侧，不能随意移动。皮带头的固定方式一般有外翻和内翻型。外翻是造型上将皮带头固定在皮带外侧，用金属扣固定，强化效果。内翻是造型上将皮带头固定在皮带内侧，进行固定，两者设计风格各有特色。皮带主体以平板皮料设计居多，也有相当一部分是有压花印花纹的。带尾为数个等距的圆孔，可单个圆孔，也可打眼扣。金属扣的工艺设计有冲压、电镀、组合、浇铸等。设计皮带效果图时，要注意金属扣转折面的准确体现和皮带发生的穿插关系。皮质厚度也要有所体现，皮带的长度可以简单地缠绕后以环状表示，具体数据严格依照人体工程学原理数据来进行，要以均匀和谐为主，效果图主体物形态准确，明暗层次可以略有表示。

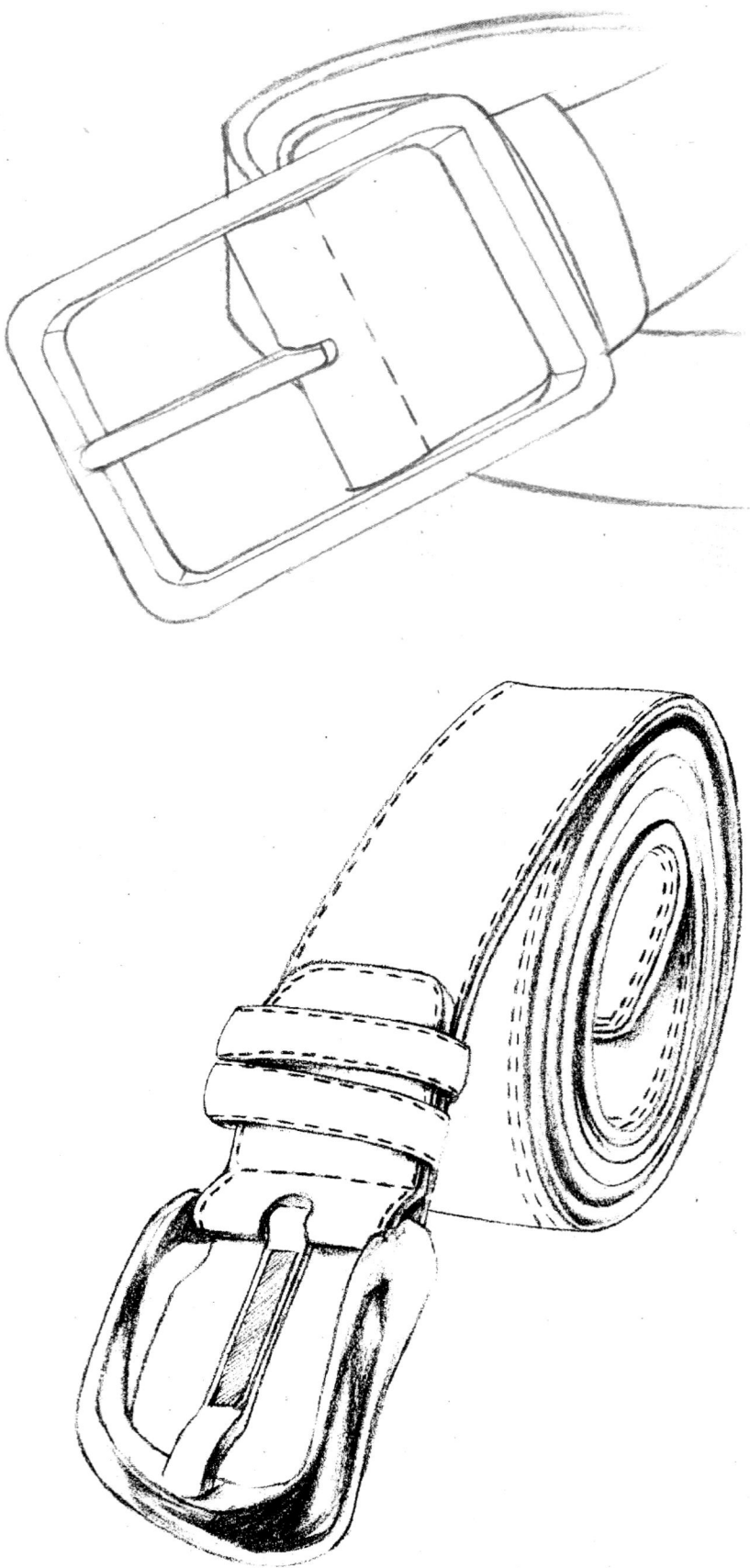

图6-3 针扣式皮带效果图

图6-4　平滑扣皮带实物图

6.2　平滑扣设计

相对于针扣式皮带来讲，平滑扣皮带的设计固定方式不一样。平滑扣是将皮带穿过金属外环转折固定，可调整的范围比针扣式要大一些，但固定的牢固度略差于针扣式，所以只能锁定一部分消费者，适合休闲款式的运用（图6-4）。

平滑扣皮带的设计是所有皮带款式设计中设计空间比较小的款式，这也为其拓展新的设计方向带来了一定的难度。平滑扣皮带的效果图的设计比较简单，皮带的画法和其他款式的基本相同。设计的重点集中在皮带扣上，以方中带圆的皮带扣设计为主。因为没有扣针，所以金属扣质感相对会浑厚圆润，可选择光泽度良好的款式（图6-5）。

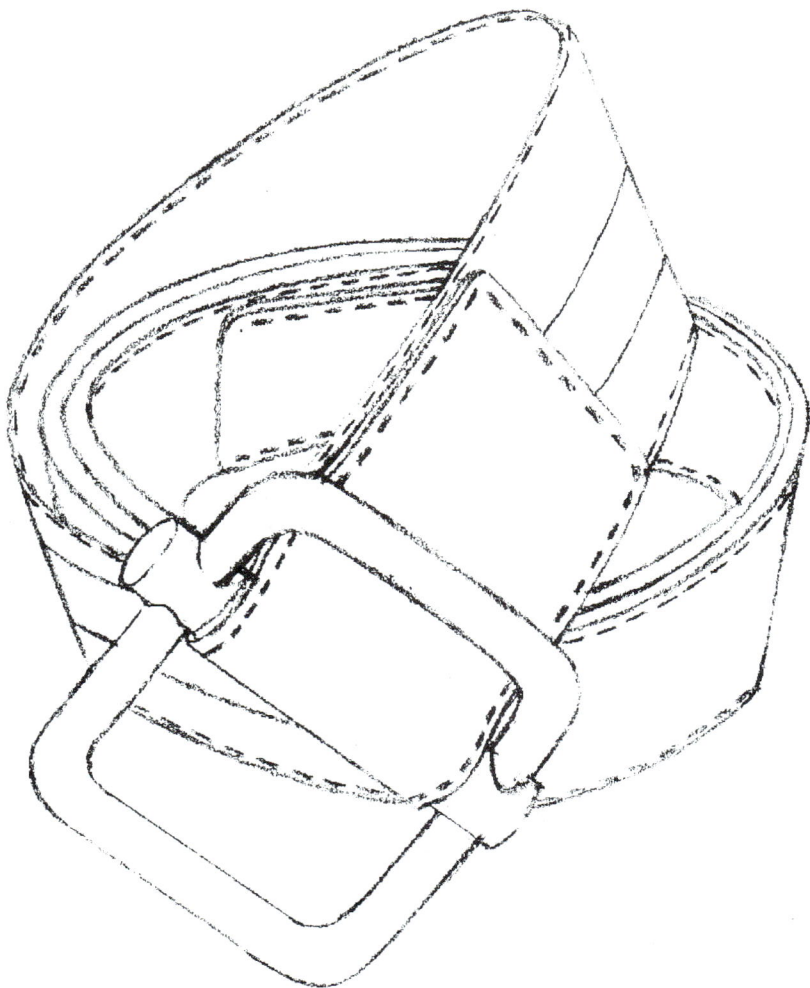

图6-5　平滑扣皮带效果图

6.3 自动扣设计

　　自动扣设计在皮带设计中是属于有些难度的，特别是自动扣的效果图造型中，设计者无法画出自动扣的内部结构。设计师不但要把皮带自身的体积块感画清楚，也要将背面的机关考虑清楚（图6-6）。

　　但由于自动扣皮带设计符合正式场合的要求，适合与西装等正装搭配，所以近年来其款式变化多端，进步非常大。自动扣的形状基本设计为方形，也是充分考虑到内部设置的。在设计自动扣皮带效果图时，同侧的皮带扣质地也随着自动扣的质地而变化，自动扣面图案设计要与整体设计风格一致，底面要干净，不需要过多的装饰图案（图6-7）。

图6-6　自动扣皮带实物图

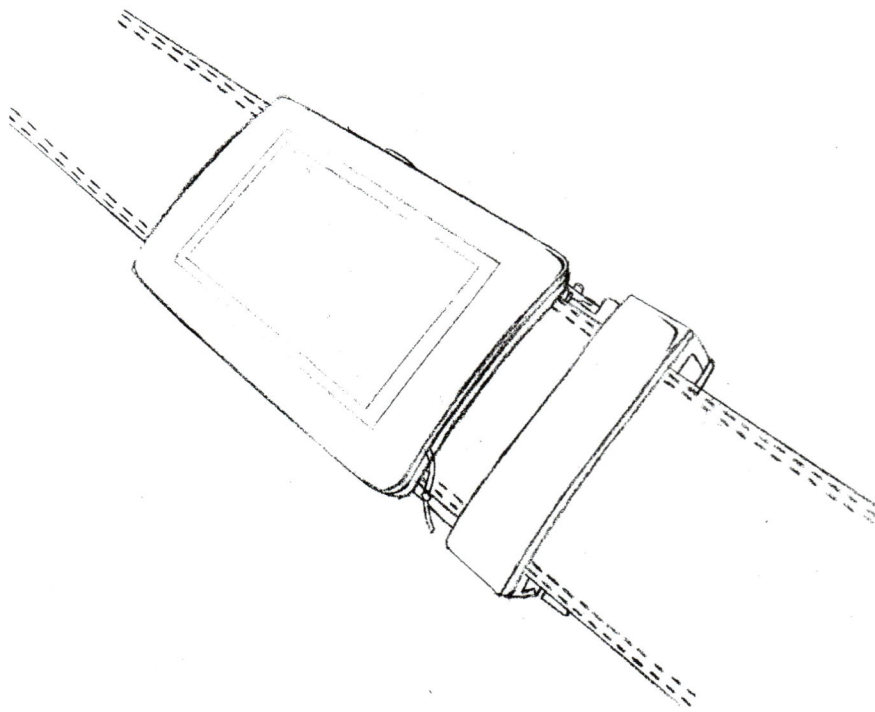

图6-7　自动扣皮带效果

第三单元
女式皮具设计

単元
提要

　　女性皮鞋产品是令人瞩目的女性消费品之一，相关企业对女性皮鞋设计非常重视，尤其对设计的作品是否具有实用性（能否投产）特别期待。

7 女式皮鞋设计

　　经相关研究发现，超过六成以上的初学者在做女性皮鞋造型设计时，最先考虑到的是其造型比女性单鞋造型更难把握，就如何顺利完成基本造型由此陷入矫形过程中不能自拔；近八成初学者认为设计中美观性是成功的关键，因此习惯从自己的年龄段，即具有欣赏本能而不是从消费者的具体情况出发，比如过于关注材料的表现、小装饰配件的增减、造型的另类等局部因素，挖空心思使设计复杂化而忽视自身取版的能力和工艺流程的成本状况等实际因素，忽略不同年龄段不同背景的消费者不同的接受心理，导致作品的不实用性因素有增无减；只有少数初学者提到，曾经注意到实用性存在的必要性，但认为效果图的艺术性和商品的实用性也许可以分离。

　　以上现象都是女式皮鞋设计的误区。

　　女性皮鞋设计虽然一定意义上说是艺术设计，但它同时是一种商品设计。初学者在学习中，可参考企业设计师的做法，要密切注意示范材料（或参考材料）的商品实用性，形成先入为主的商品设计概念，使设计具有最初的支持素材，从源头上避免走入误区。

　　初学者在使用范例的时候，习惯采用前一段时间出版的鞋样进修班的鞋样手稿，即使款式陈旧，没有统一的造型风格，但是容易获得，而且长时间临摹的话，对造型能力多多少少还有一点帮助，所以大多时间还是沿用此类摹本。由于设计师本身的经历（部分设计者本身也没有进过企业，缺乏实践经验，作品的实用性自然无法体现）不同，设计风格也多忽略企业对手稿造型的潜规则，习成后部分企业自然对此持否定态度。介绍相关商品时，也多采用过期杂志上的图片，没有充分重视时效性商品的分流和归类，更没有强调在设计时应注意到产品的流行性等多方面因素，导致初学者在设计时，没有形成应有的概念。改变这种状况可以采用以下方法：

　　①多渠道信息获取。我们应适当考虑市场需求、季节变化、流行变化、消费变化等因素对产品产生的影响，规划好产品生存的空间，选择市面上正在流动的当下女靴款式实物图片（可到专业鞋网下载、到专卖店实拍，或是自行发现）。这些实用性很强的实物图片，在一定程度上消除了初学者设计作品做不出来的担忧，能打破原先手绘稿的朦胧意识的创作状态，使我们在设计之初就自然接受现有的款式，进行无形有形的积累，重新建构对实物造型的理解，奠定设计思路。然后根据每个款式的造型变化特征进行归类，将其提升到可归纳性和可总结性的理论层面。找出每个款式的演变规律，形成延伸设计的可能性，从根源上树立对实用性的正确认识。

②实物图本收集。依靠个体搜集的资料数量是非常有限的，必须依靠专业期刊、书籍，或到专业图书馆阅览，真正接触到市面上最流行的时尚前沿作品和大级别的品牌产品，积累专业知识，能够在第一时间内学习和临摹到顶级作品，学习其技巧和艺术表达方法，提高我们的欣赏水平。

③设计成果的实用化。一般情况下，一个单鞋款式造型效果图为5~10分钟即能完成，女皮鞋款的造型也都控制在15分钟之内。所以必须经过强化训练。当我们达到企业实际运作的时间要求时，就需要进一步巩固学习成果，增强设计的自信心。

④网络投稿。可以与专业鞋网签订协议，定期投稿，由专业人士筛选后选择比较实用的、厂家比较感兴趣的作品传到网络上，供企业会员下载使用。大多企业处于生产和效益的考虑，往往会特别注重作品的实用性，所以下载次数多的基本可以认同为实用性相对比较强的作品，其数据直观可信。由此，我们可以直接观看到专业人士的点评，也可以与其他学校或是培训班的同学一比高低，这也将使我们对造型作品的实用性追求更加迫切。

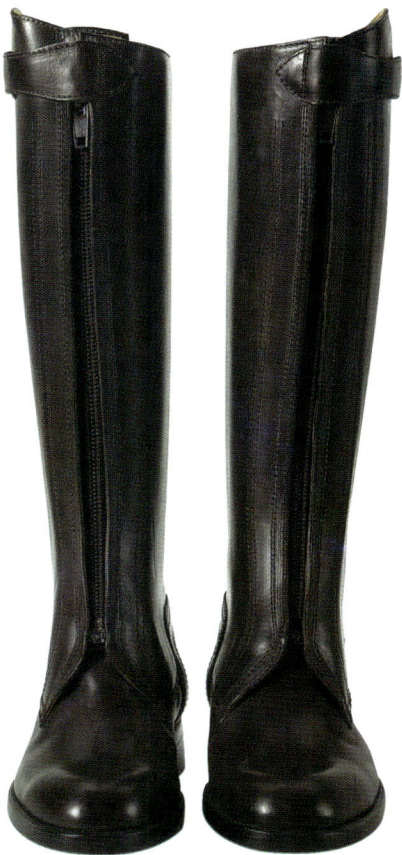

⑤参加造型比赛。如果说网络展示比较平淡的话，各类国内外的专业造型领域的赛事可谓更直接、更刺激，相关奖项对初学者也极具诱惑力，增加了就业的砝码分量。造型赛事通常有偏艺术造型的概念皮鞋比赛和偏市场价值的实用皮鞋造型，可以满足有不同专长的学习者参加。而无论哪种赛事，女式皮鞋由于造型更易变化，设计空间充足，因此各种因素可以自由融合。近年来举办单位越来越明显地要求，即使是艺术概念鞋也要讲究实用性。通过比赛，我们也可以理解到实用性在艺术设计领域是以什么样的形态展示，从而在这种实践中往往能增强我们对女靴造型实用性的重新认识。

事实证明，只有从观念上重视作品的市场实用性，在学习中强调作品的市场实用性，有针对性地进行典型款式练习，在结果上肯定作品的市场实用性，我们的学习成果才能真正经受市场的考验，教学模式才能真正实现工作过程化，我们才能培养出真正能满足市场需要的实用性技能人才。

7.1 女式浅口鞋设计

浅口鞋是指口门位置靠前、前脸较短、内外踝较矮、大部分脚背外露的一种鞋。其中口门形状是浅口鞋的主要特征,基本形状有方口、圆口、尖口、花形口等。

女式浅口鞋的帮结构非常简单,很容易设计,但要设计得好却又不易。女式浅口鞋款式是否漂亮,很大程度上取决于鞋口轮廓线。浅口鞋的线条变化完全凭直觉,每个人的审美观不同,所画的线条也不同。口门形状的选择与楦体头式有着密切的关系,同时不同口门形状体现不同的风格。

后排　　　　前排

图7-1　浅口鞋结构分析图

7.1.1 结构分析

造型特征:穿着方便,造型简洁大方(图7-1)。

7.1.2 实例分析

整体变化:参照男式皮具的设计方法,首先从面料的设计和选择入手。比如说现在非常流行的复古风潮,就是采用丝绸效果的皮革织物等面料;还有前些年都受到关注的漆皮面料和款式的漆皮渐变面料等;或是像男鞋一样采取面料的对比,用亮光材质和亚光材质创造出强烈的对比等等。选用到优良的面料,结合设计精巧的女式楦头,就是一款惹人注目的作品。

细节变化:主要是口门部位的设计变化,分为尖口门设计、圆口门设计、方口门设计、花式口门设计等等。结合花样繁多的装饰扣、装饰珠、装饰片和各种工艺设计,能够设计出不计其数的设计作品。

实例一：

①观察：如图7-2所示，为一款浅米色尖口尖头鞋。

②分析：尖口式口门，给人一种苗条、俏丽、矫健、玲珑美，常在尖头楦尖圆头楦中采用此种口门形状。尖口式口门设计较其他类型的口门设计口门位置更加靠前，所以在设计的时候要注意最前沿的落点控制在哪里（图7-3）。

将其进一步划分可分为尖口门式与微尖口门式，前者形态像用剪刀剪出来的口子，尖而性感，口开在脚趾缝处，若隐若现，结合稀有的真皮材质，如鸵鸟皮、鳄鱼皮、羊羔皮和各式成熟的花纹如斑马纹、豹纹和渐变漆皮等，适合设计高档淑女鞋；后者接近小圆口门，比较圆润可爱，配合珠光面料和粉色系，适合白领女性穿着，造型可根据楦和款式的需要确定口门形态。在尖口式口门位置上可以添加横扣等设计，女式横扣设计花式明显大于男式设计，可配合款式需要增加各种人造钻和鞋扣，各种鞋花，丰富颜色设计的层次感和材质的对比要求。人造钻的效果表现重点在于手法的把握，像画鸵鸟皮一样，画轮廓的时候就带出明暗效果，单颗造型看起来简单，整体却显得非常精致。

图7-2　浅口款式实例分析图

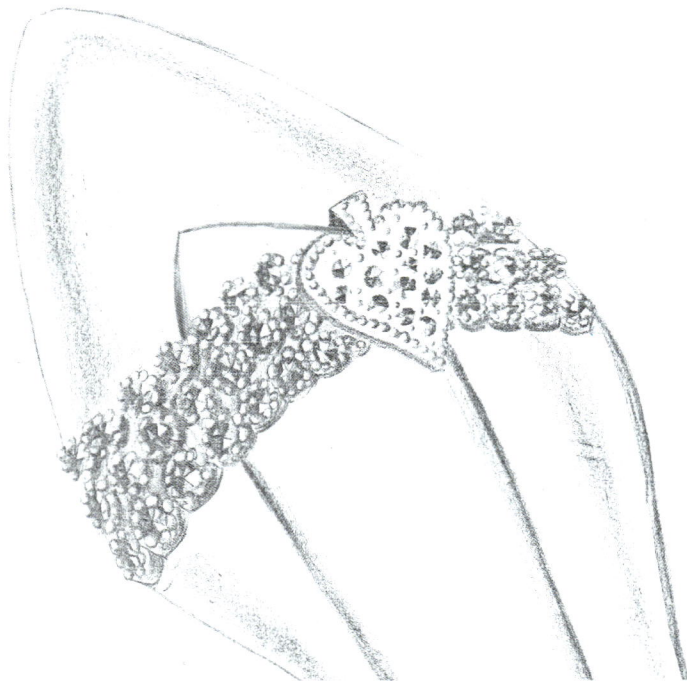

图7-3　尖口门表现效果图

高等职业教育艺术设计类专业实践教材

实例二：

①观察：玫瑰色浅口式设计，高贵优雅。圆口弧度设计恰到好处，鞋墙弧度设计性感贴合（图7-4）。

②分析：圆口式口门，体现一种传统的含蓄美，适合造型甜美的中高跟款式，经久耐看，在光泽度好的漆皮面料和棉纺织面料上使用效果尤佳。可以在口门的边缘做花边设计或是将边加宽往外翻折，成小领状，增加时装感。如图7-1所示的浅口款式的沿口造型，俏皮而别致，富有时代感。或在外侧加上精致的小装饰品，装饰品需选择精致典雅、造型圆润、光泽度好的高档品，如造型效果图7-5所示，可以使画面层次感更加丰富，起到画龙点睛的作用。整体造型运用圆滑、流畅的线条，没有突兀的棱角和尖锐的高跟，恰似少女般圆润与清纯。

图7-4 圆口款式实例分析图

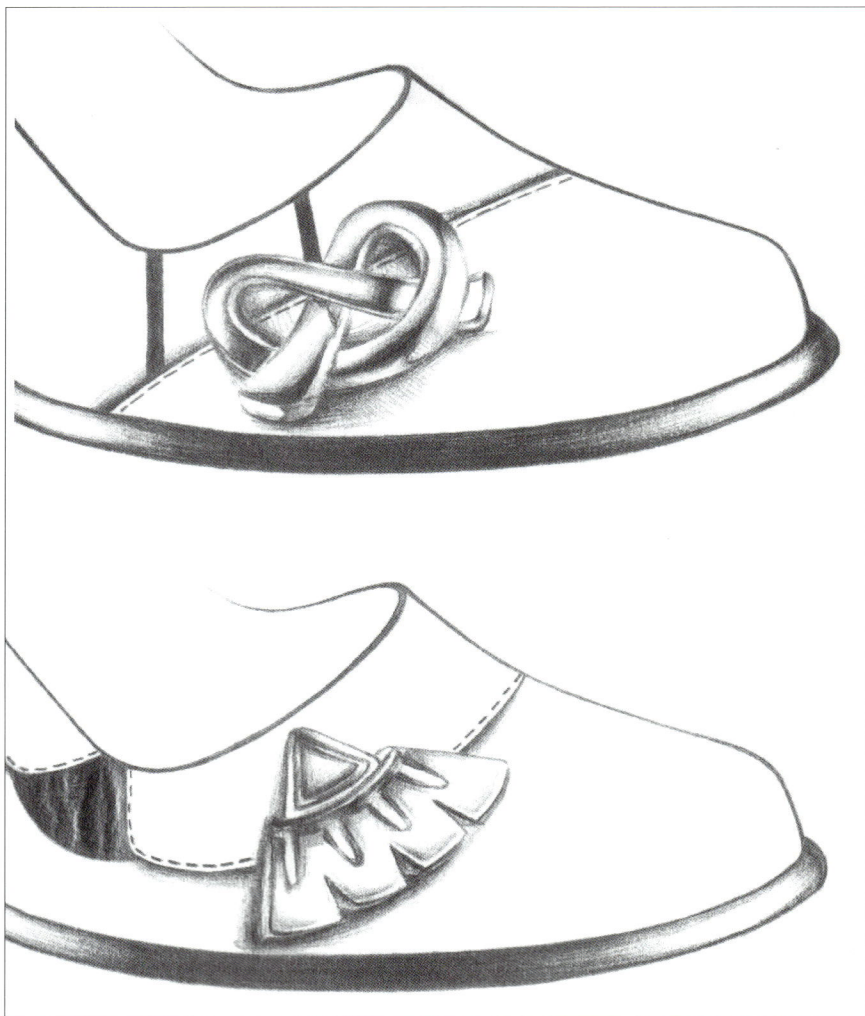

图7-5 圆口门表现效果图

图7-6 方口门实例分析图

实例三：

①观察：黑色方口式设计，鞋面为全黑型面料，但方口式造型却打破了往常沉闷的气氛，创造出了中性美，使整个款式的造型新颖别致（图7-6）。

②分析：实际上，女鞋款式设计和其他皮具设计是一样的。设计的重点在于巧而精，成功就在一个设计点上。方口式口门，综合了尖口形的刚和圆口形的柔和，大胆而高调，非常有看头，年龄层次跨度很大，适合高跟和特高跟的鞋类制作，色彩上多用酷酷的全黑漆皮或是稀有真皮，前些年也有款式尝试用明快的橙、绿等，突出青春亮丽的主题，把少女好奇又自然的气质淋漓尽致地表达出来，也别有一番风味（图7-7）。

图7-7 方口门表现效果图

实例四：

①观察：浅色珠光米色系，花式口女单浅口鞋造型，富有较强的装饰性（图7-8）。

②分析：花口式口门，体现一种活泼、可爱、多变的效果。花口式口门也是最不受约束的口门设计，指区别于可以定义的圆口式、尖口式、方口式口门之外的所有其他形状的口门形式。有如实物款式所示的两片叶子合拢的浅口式，或是参照旗袍衣扣的浅口式，或是像T恤V字开口领式，或是多于一个剪口的浅口等规则与不规则的设计。

花口式口门表现的设计风格与前面所提及的其他口门设计表达的风格是有区别的，一定意义上它表现不了干练、中性的设计风格，但比较适合表现知性美，配上碎碎的流苏、柔顺的丝巾、装饰性花边、经典的蝴蝶结的具象或抽象设计，都能让小家碧玉般的精致和活泼得到淋漓尽致的表现（图7-9）。

图7-8 花式口门实例分析图

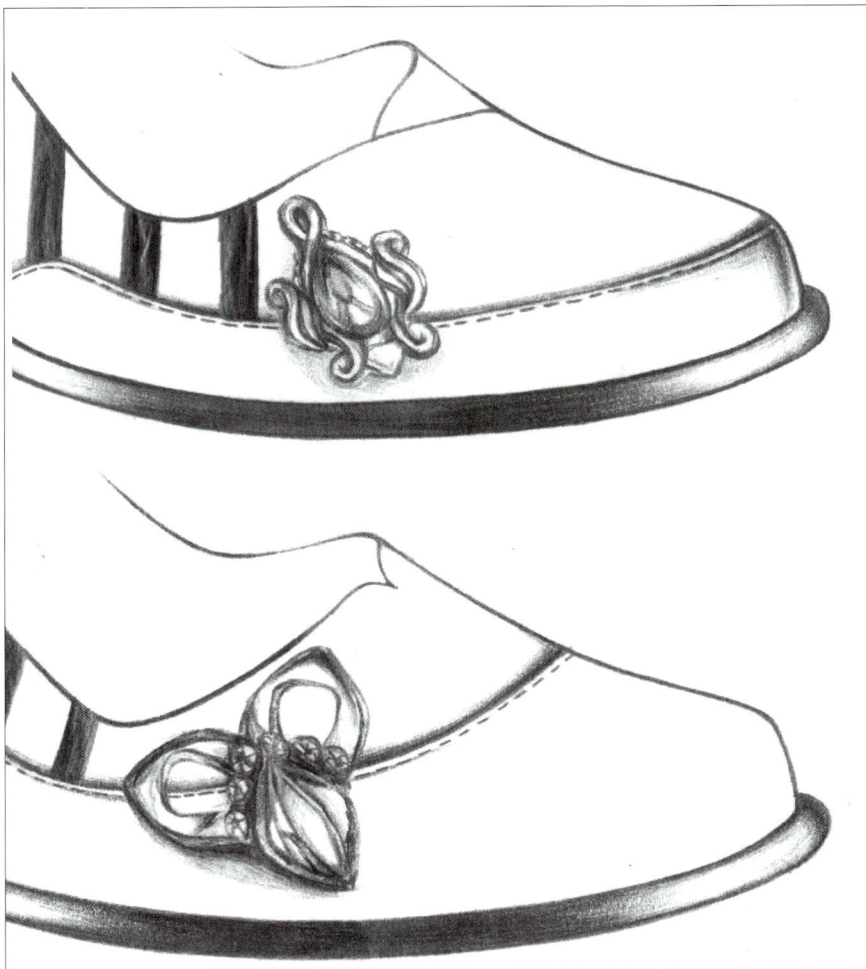

图7-9 花式口门表现效果图

7.1.3 设计效果图

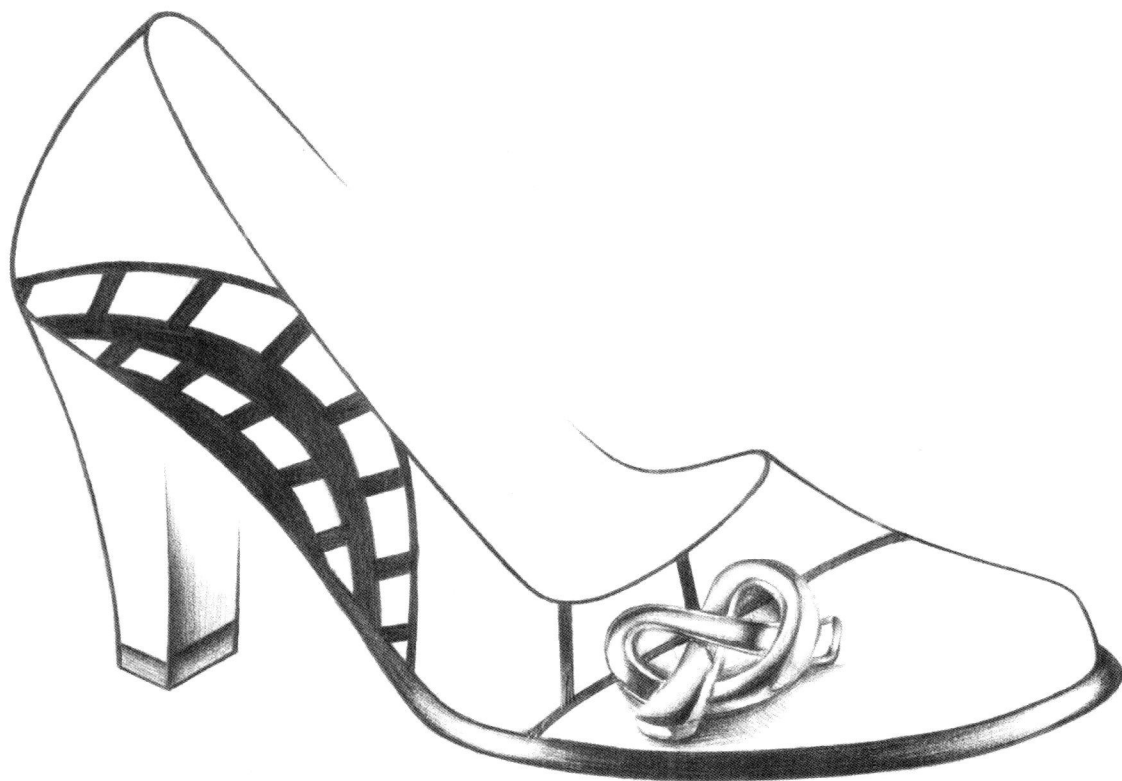

图7-10　浅口款式设计　（作者：李纯舟）

图7-11　浅口款式设计　（作者：李纯舟）

图7-12 浅口款式设计 （作者：金盈雪）

图7-13 浅口款式设计 （作者：金盈雪）

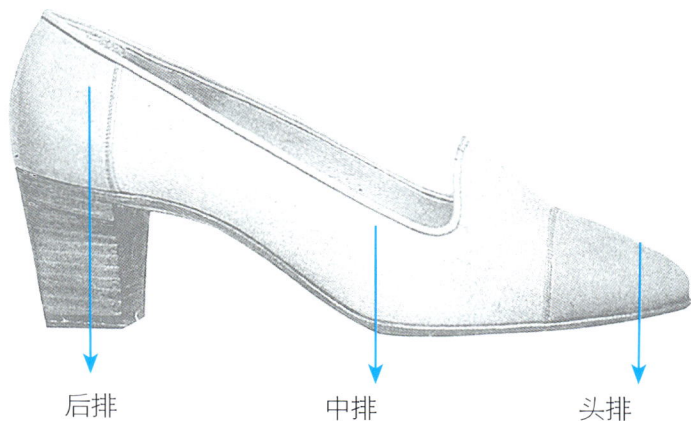

图7-14 两节头结构分析图

后排　　　　　中排　　　　　头排

7.2 两节头设计

两节头女鞋造型在鞋的历史上曾经扮演了一个特殊的角色。虽然近年来各种款式新旧更替频繁，但由于它结构简单，稳定，利于材质的置换设计，所以在女鞋设计款式中仍拥有相当比例的消费群体。

7.2.1 结构分析
造型特征：结构稳定，造型特征易于捕捉（图7-14）。

7.2.2 实例分析
整体变化：可以从颜色上进行变化，如邻近色系的变化，可以塑造随意的风格，有利于款式的稳定感；对比色系的变化，可以加强视觉冲击力，但要统一明度与纯度。

细节变化：主要是鞋墙的变化、后排的变化、跟底的变化和配件的设计变化。

实例一：

①观察：红色小圆镀边中跟两节头皮鞋（图7-15）。

图7-15 两节头款式实例分析图

②分析：运用了色差与材质的对比，将亮皮与亚光皮放在一起，改变了款式本身的呆板气。设计中，两节头鞋大多在头排、中排、后排的面料上变颜色或是变材质，或是头排和后排颜色一致，或是两者面料一致，都与中排区别开来。注意颜色设置一定要是相近或是明度相同的对比色，不能选用没有关系的几种颜色来搭配，以免引起视觉混乱，导致设计作品的失败。

两节头款式由于本身帮面断开块面较完整，所以很难再像其他款式那样随意加入各种装饰扣和鞋花，局部主要是边的设计，沿口包边的设计在鞋面产生横向和竖向的微妙变化；头排和中后排的缝合线设计，参考男中缝款式的设计方法。通常情况下，选择金色或是银色的边基本上可以适合大多数颜色的面料（图7-16）。

图7-16 包边表现效果图

实例二：

①观察：褐色中跟两节头设计，头排面积受到压缩，存在面料质地对比设计，后跟设计独特。楦头尖而短，木质防水台底，中跟，面窄，与鞋面属同色系，休闲复古，色调柔和（图7-17）。

②分析：很多人都认为，两节头款式的设计在女鞋设计里面是属于比较保守的，也只适合性情保守的女性消费者，其实不然。楦头的设计在这里起了决定性的作用，选用造型时尚的楦头，能轻松获得款式新颖的款式设计。两节头款式的设计，头排的外轮廓变化的空间是非常大的。可以是简单的直线变化，也可以是具体的几何形状变化，可以是外凸的，也可以是内凹的，可以是圆弧的，也可以是打尖角的……从这些点入手，我们就可以设计众多系列了。如实物款式图7-18所示，头排面积浓缩后，可以配合使用小的装饰品，但装饰品面积不宜过大。后跟的独特设计也在提示我们，在很多不起眼的角落，它们也可以起到关键的设计作用。

图7-17 两节头款式实例分析图

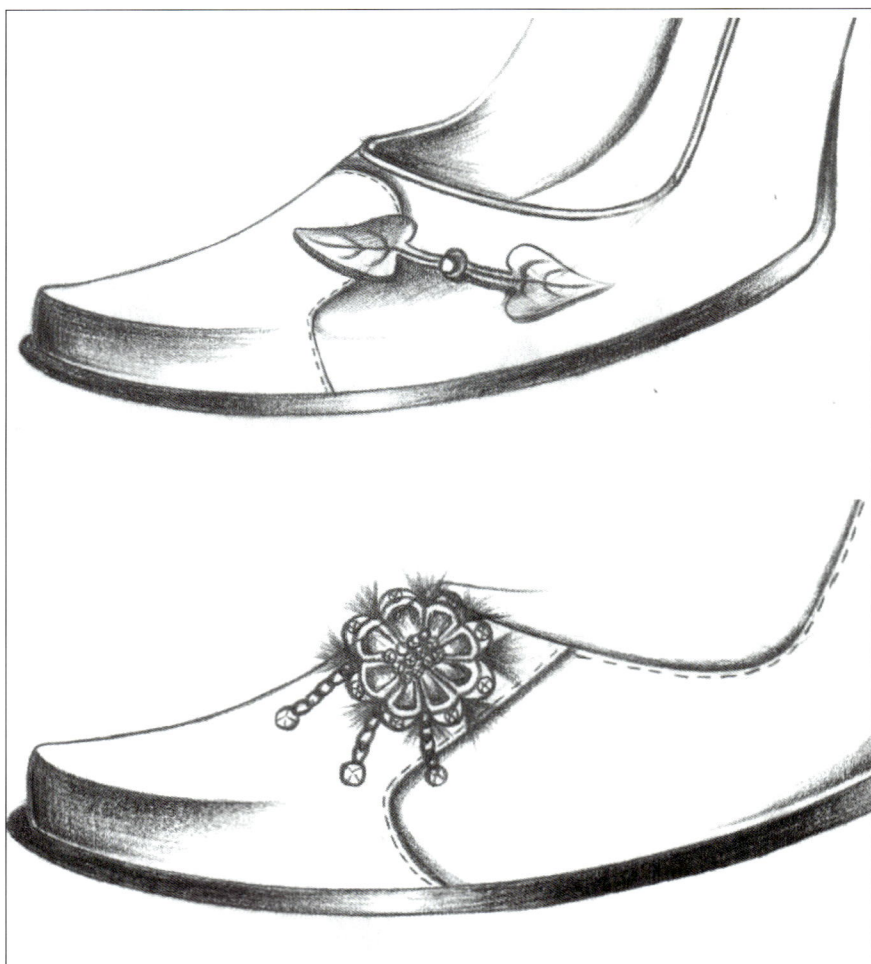

图7-18 头排变化表现效果图

7.2.3 表现效果图

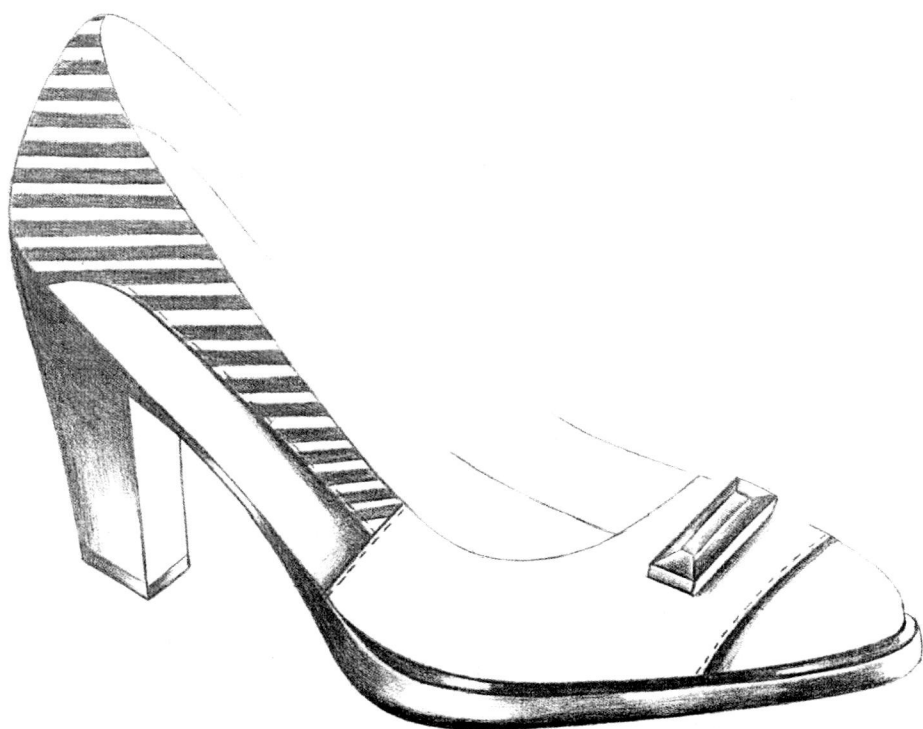

图7-19 两节头款式设计 （作者：杜丽明）

图7-20 两节头款式设计 （作者：杜丽明）

7.3 围盖式设计

时尚女性要想充分体现出性感优雅与精致妩媚的女性特征，绝不能忽略脚下的鞋子。而在众多的女鞋中，最能彰显时尚风情又含蓄婉约的非围盖式女单鞋莫属。与男式围盖鞋略有不同，女式围盖更注重围盖造型的变化和围盖与鞋本身的搭配，而不再仅仅停留于质地的表现。

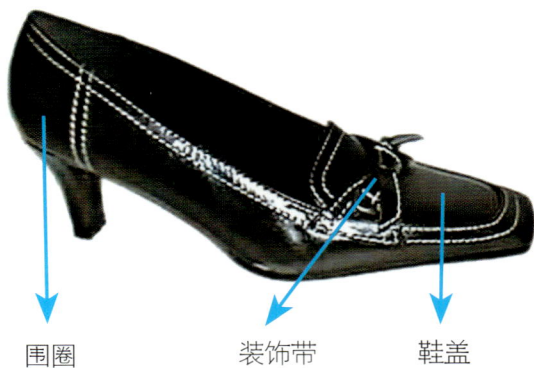

图7-21 围盖式结构分析图

7.3.1 结构分析

造型特征：黑色，中跟，小方头，有皮制蝴蝶结，白色装饰线，鞋盖部位材质变化多样，与围圈等部件呼应，再现都市知识女性的成熟与婉约风情，且容易和其他款式结合（图7-21）。

7.3.2 实例分析

整体变化：可以从单鞋的楦头设计、皮质颜色、造型款式上进行多种变化。如颜色变化上，鞋盖与围圈的颜色可以是统一的，可以是邻近的，也可以是对比色。

细节变化：主要是鞋盖部位的外轮廓的设计变化，横坦的设计变化和装饰品的搭配。注意楦形的设计变化将影响甚至决定着皮质颜色、帮面造型、横坦的设计、装饰品的搭配等部位的选择。

实例一：

①观察：如图7-22所示，黑色小尖头围盖单鞋，高跟，跗背位置设计较宽，有鞋扣饰尖头鞋，颜色为鞋帮的对比色金黄色，效果鲜明。

②分析：传统的围盖造型是根据楦的棱线接近平行时去切割围盖，能够保证围盖造型与楦体的自然贴合。在围盖中间部位加横坦、加各种鞋扣饰品或是将两者结合起来，都可以产生千变万化的款式效果。

图7-22 围盖款式实例分析图

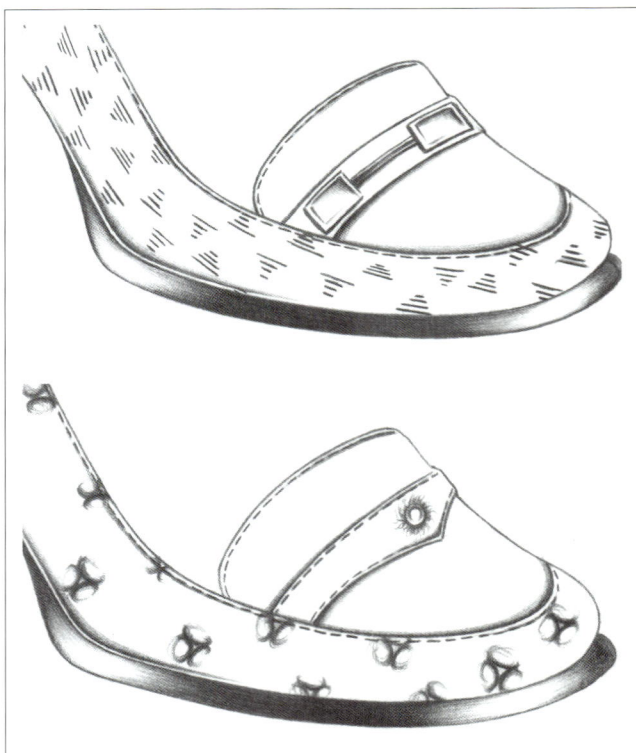

图7-23 围盖表现效果图

实例二：

①观察：小方头，平跟，白色围盖休闲造型，有宽边装饰，有鞋扣饰品，造型效果干净舒适（图7-24）。

②分析：小方头的楦形通常设计面都比较小，大都塑造成比较严肃、保守的风格。但如果小方头的楦采用的是平跟的楦头，就可以贴近休闲风格。改变传统的黑棕色系的使用，尝试使用明快的色调，比如粉色系等，将颜色的变化巧妙地设置在各个帮面中，甚至是装饰片，能产生比较理想的效果。近两年比较流行的粒面料也是此类设计方法的最佳选择对象（图7-25）。

图7-24　围盖款式实例分析图

图7-25　围盖表现效果图

高等职业教育艺术设计类专业实践教材

实例三：

①观察：棕色围盖起埂造型，有装饰片（图7-26）。

②分析：起埂的效果图在男鞋造型中已做详细的说明，主要是装饰片与整体的设计和协调。可采用粗的原色系包边，使造型更加简练；也可以加上改变围盖材质的纹路，增加画面的节奏感（图7-27）。

图7-26 围盖款式实例分析图

图7-27 围盖表现效果图

7.3.3 设计效果图

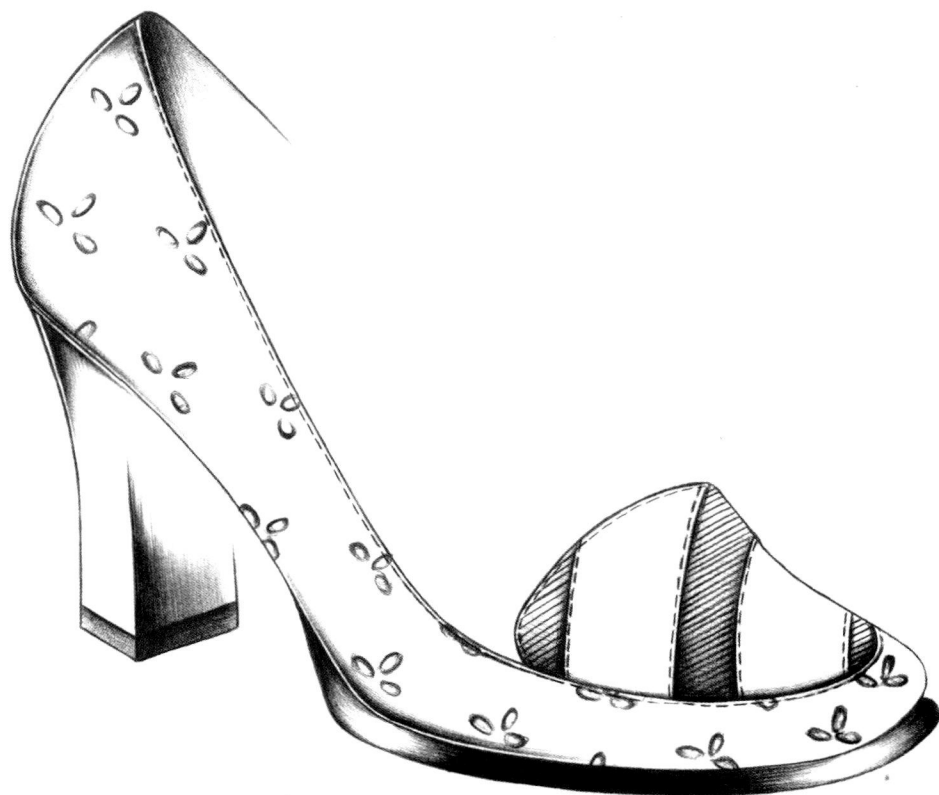

图7-28 围盖款式设计 （作者：李纯舟）

图7-29 围盖款式设计 （作者：李纯舟）

图7-30 围盖款式设计 （作者：林洁）

图7-31 围盖款式设计 （作者：林洁）

后带　　　　饰扣　　　　脚背带　　　对折带

图7-32 马鞍式结构分析图

图7-33 马鞍款式实例分析图

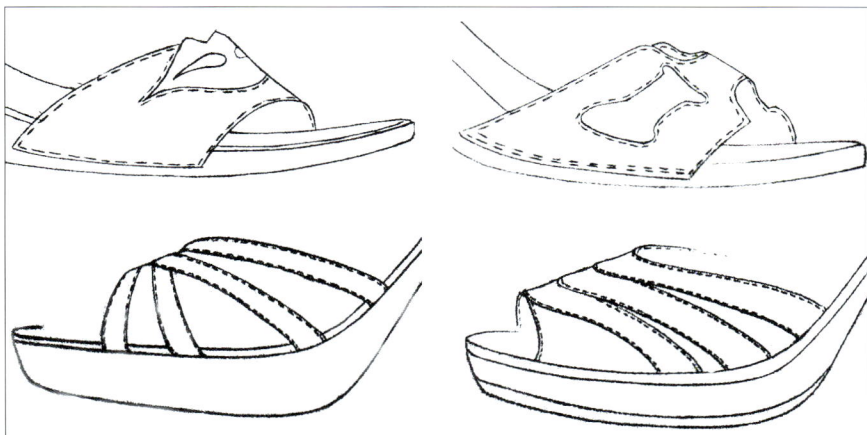

图7-34 前帮带表现效果图

7.4 马鞍式设计

女性希望自己脚下的凉鞋是最精美、最时尚的，并且最能将女人味展现出来。因而温柔女人味的鞋类设计方式也愈来愈受设计师的推崇。穿蝴蝶结装饰的凉鞋，能够使女性的脚踝显得更加纤细。马鞍式设计是属于全空式凉鞋设计造型，是指整个凉鞋鞋帮从前到后都是镂空的，即鞋帮都是由条带组成的。这种类型的凉鞋给人一种苗条、俏丽、矫健、玲珑的美感，体现一种传统的含蓄美。

7.4.1 结构分析

造型特征：结构牢固，造型大方（图7-32）。

7.4.2 实例分析

整体变化：可以变化后带设计、对折带设计。

细节变化：鞋后带上的饰扣变化，前带上镶钻、装饰条、镂空等工艺设计。

实例一：

①观察：简洁大方的素面造型，适合成熟精干的白领女性穿着（图7-33）。

②分析：整个鞋面以帮条带为主要结构，采用单色系。在进行此类设计时，可在帮条的组织上多做尝试，如捆绑、穿插、重叠、搭手等手法。在帮条带上可设计抽象形态，也可以出现具象事物，但具象事物造型尽量简单化，以免喧宾夺主。可不用或少用鞋饰品，突出本体设计品位（图7-34）。

高等职业教育艺术设计类专业实践教材

实例二:

①观察:黑色,小圆头,扁高跟,对折带采用半透明材质,体现了近年来流行的空间元素,后带造型弧度优美,成Y字造型,有鞋扣,符合传统的凉鞋造型(图7-35)。

②分析:马鞍款式的造型特征体现在后带设计成马鞍状,即造型成Y字形状的后带造型和由马鞍状延伸出来的边缘款式,结合前帮带的造型,设计出新的款式。造型成Y字形状是我们看到最多的后带造型,主要的设计思路是后带的帮条的形态设计,包括不规则打断处理,后带上进行工艺设计,如镂空、镶钻、缝装饰线、挂流苏、装饰片等。固定的方式也是设计的突破口,包括选择合适的精巧鞋扣固定,或是受休闲风的影响设置松紧带,或是柔软面料的捆绑手法等等。设计的前提是平时要注意信息量的积累,需要阅读大量的专业杂志和资讯报道,便于同类款式的比较,收集针对性更强的设计信息。(图7-36)。

图7-35 马鞍款式实例分析图

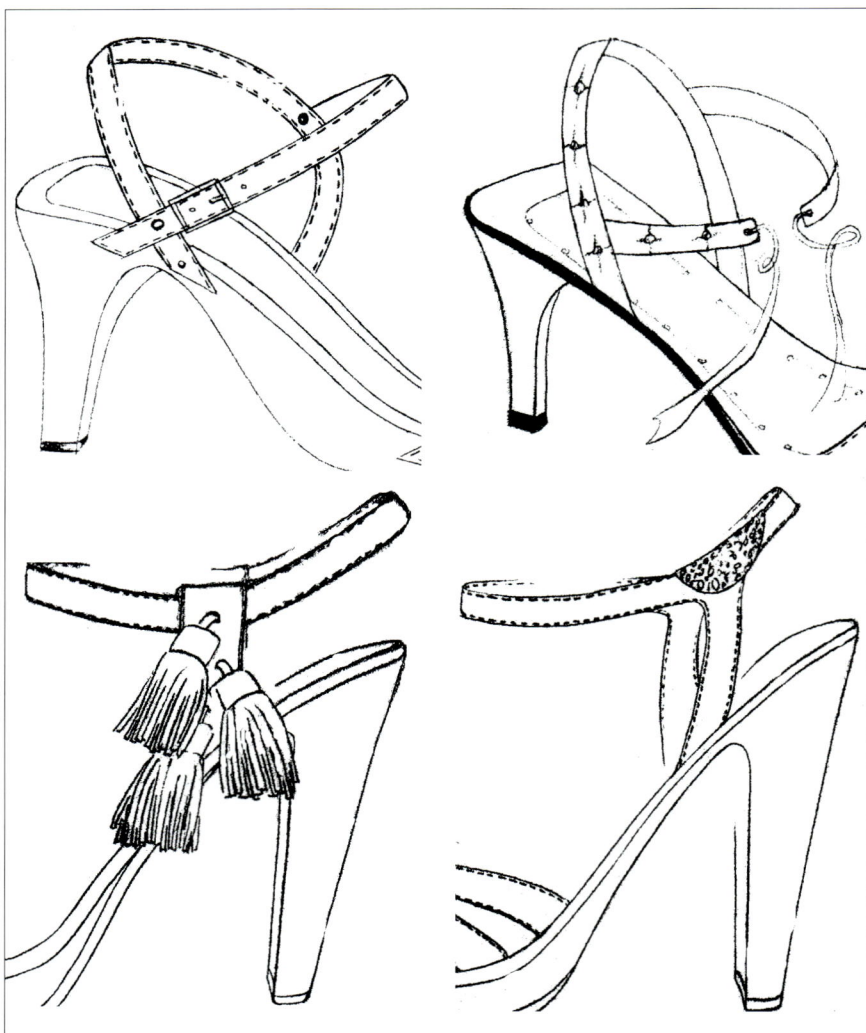

图7-36 后帮带表现效果图

图7-37　马鞍式实例分析图

实例三：

①观察：粉绿色系，皮料光泽度极佳，后带造型宽于普通马鞍后带，与传统马鞍造型略有出入，在Y字下摆做了一个叶子状的造型，区别于以往单纯的条状设计，新颖时尚而有朝气（图7-37）。

②分析：时下设计师在鞋面（帮条）上不仅仅局限于平面的金属花瓣的装饰，而是结合时装流行元素，又添加了采用丝绸、亚麻布等各式材料制作的立体花朵，结合人造宝石、人造钻石、人造水晶等，让花瓣、蝴蝶等经典元素继续在脚上翩翩起舞，更让其穿着者摇曳生姿。

蝴蝶结不再单纯走优雅路线，有丝质蝴蝶结、金属蝴蝶结，有各式宝石或水晶的蝴蝶结等等。各大品牌时下把蝴蝶结情结渲染得无以复加，或纤小典雅，或甜美可爱，或夸张夺目，随心所欲地点缀在鞋面、鞋头、脚踝等处，构成鞋上一道漂亮时髦的风景线。蝴蝶结是很纤巧柔美的装饰物，对鞋型和脚形的要求都比较高，否则无法演绎蝴蝶结逼人的灵秀气质。鞋花的造型是女式凉鞋造型的难点之一，它的形态面积小而层次多，在设计时需要注意以下几点：一是先控制鞋花的大小，观察所选的鞋花无论在色泽还是大小上，注意其设置的位置是否符合凉鞋整体的需要；二是需要花一定的时间和心血来塑造其造型效果，一般来说，设置鞋花的凉鞋其他部位的设计相对来说会比较简单，所以会突出鞋花的分量；三是鞋花的种类繁多，要经常学习和临摹优秀作品，掌握其造型诀窍，才能在较短的时间内取得预期效果（图7-38）。

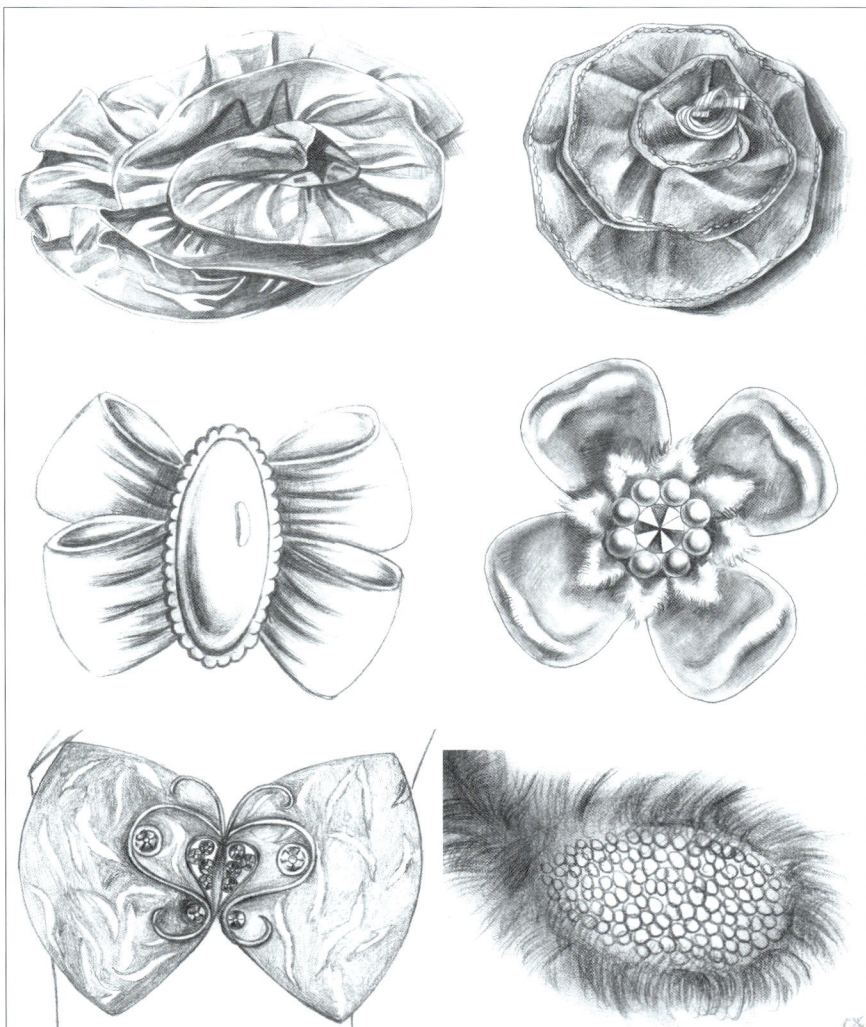

图7-38　装饰花表现效果图

7.4.3 设计效果图

图7-39　马鞍式款式设计　（作者：林洁）

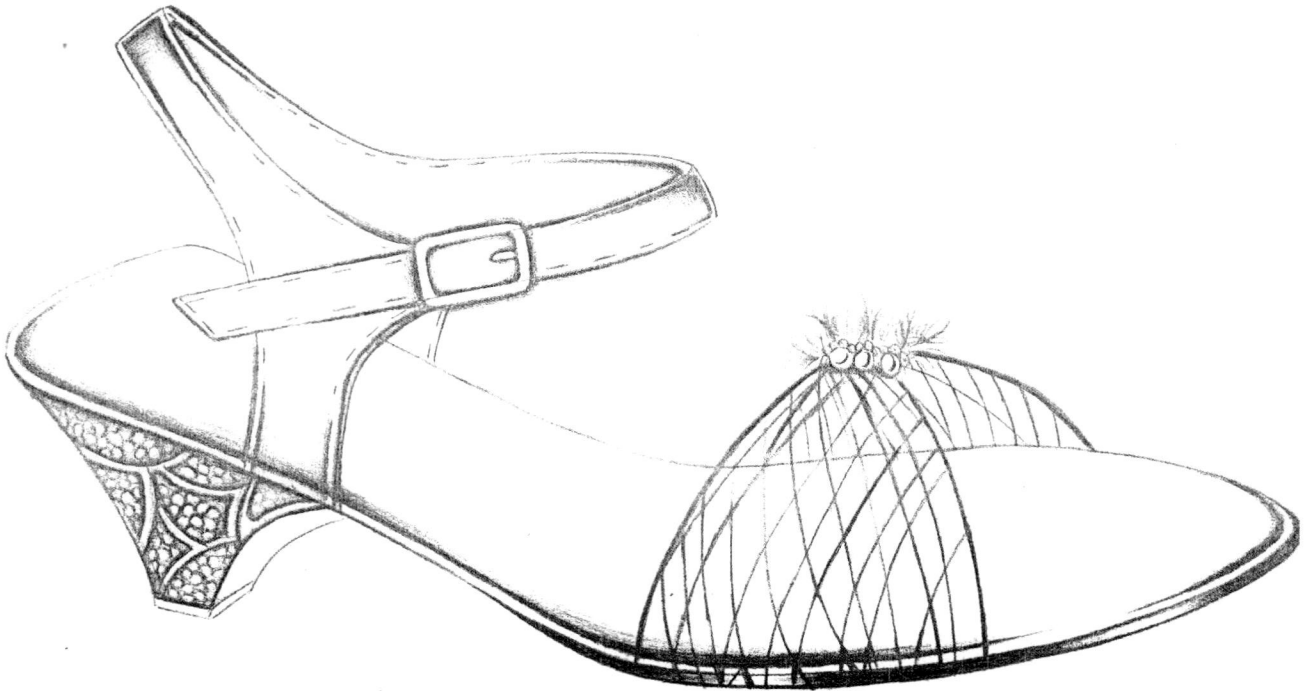

高等职业教育艺术设计类专业实践教材

图7-40　马鞍式款式设计　（作者：林洁）

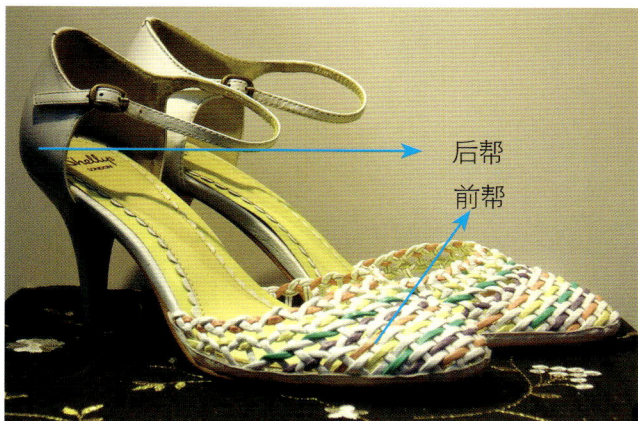

图7-41　中空式结构分析图

7.5　中空式设计

中空式设计全名应该是前后满中空式凉鞋，前后满中空式凉鞋是指前有包头，后有包跟，中帮腰窝部位仅有一两根条带连接前后帮或者根本没有腰帮部件的凉鞋款式。

7.5.1　结构分析

造型特征：简洁大方，造型流畅时尚（图7-41）。

7.5.2　实例分析

整体变化：尖头，放余量大，白色珠光面料，小圆中跟，有方形镶钻小鞋扣，简洁大方，符合传统中空女凉鞋造型特征。

局部变化：前排的形状、面料都有多种选择；后排的轮廓也可以自由转变；可以加横扣、绊扣等设计，当然横扣、绊扣的造型形态上也可以做无数种变化：或是同色系或同质感的丝带、蝴蝶结，或是精致的饰品。

高等职业教育艺术设计类专业实践教材

实例一：

①观察：简单的反绒素面造型，前帮有交叉设计，后帮带上有回扣设计（图7-42）。

②分析：主要的款式变化应集中在前帮，也是中空式凉鞋的设计方法之一。前排可以是一整块皮料，也可以是由内外头排组合而成的两块或两块以上的皮料；可以是平板的材料，也可以是有动物纹路的材料，或如实物图7-42所示，由多个单片拼凑起来；可以在头排位置设计各种式样的装饰片和装饰扣等（图7-43）。

在鞋面造型时，如果遇到多个层次需要表现时，注意掌握层次的表达方式。在最上面的面料，通常是造型比较完整的，有适度的车线表示，周围可以用少量明暗来强化主体地位，而在后面的面料要依据上面的形态来完成其余的部分，所以在描绘时，就要有所侧重。

图7-42 中空款式实例分析图

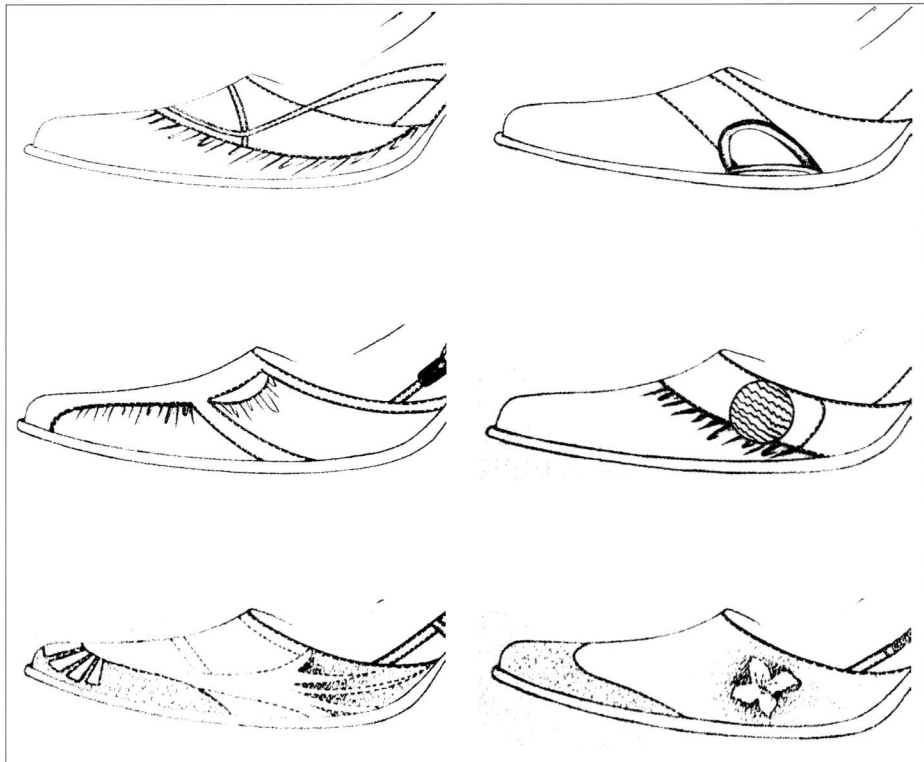

图7-43 前排表现效果图

实例二：

①观察：图7-44中，金色和黑色两款造型风格完全不一样的作品，设计的重点也略有不同。前款注重前排设计，后款注重后排设计，但都属于现代时尚的设计。共同点是在后排做西欧简洁几何块面设计，加绊带的设计。

②分析：在时尚舞台永远占有一席之地的高跟鞋，总是让女人们深深迷恋。要找出各种理由来说明女人为何迷恋高跟鞋，一万个理由其实也抵不过一个理由，那就是高跟鞋能让女人更窈窕、更有魅力。传统的中空后排设计都是以简洁为主，但近年来品牌鞋对这一理念进行了颠覆，将简单的后排及底跟注入建筑、家具、服装等各种元素，使设计更加前卫。

前面我们讲了中空设计的方法之一是对前排进行各种可能的设计，这里我们主要针对后排进行分析。后排的设计不再拘泥于早先的外轮廓的变化，在很多流行款式上我们都会发现设计师在对后排做出极限挑战。后排的面积正在不断"缩水"，由面状变成了条状，形态也正在悄悄地发生变化，女性的曲线美正在这里得到体现。即不但在后排上设计了绊扣，在绊扣的材料和形态上大做文章，更是将绊扣的数量进行了颠覆，由一条变成了数条，并做了交叉设计或是镂空或叠加设计等（图7-45）。

图7-44 中空款式实例分析图

图7-45 后排款式实例分析图

7.5.3 设计效果图

图7-46 中空式款式设计 （作者：李纯舟）

图7-47 中空式款式设计 （作者：李纯舟）

7.6 葫芦头设计

葫芦头式定义取自头排像葫芦造型，是近年来销量最高的女皮靴款式之一。品种多样，有紧身葫芦头靴设计和宽松葫芦头靴设计，各有精彩。

7.6.1 结构分析

造型特征：头排变化巧妙，造型时尚。根据不同头型和跟高可以设计出多种风格的作品（图7-48）。

7.6.2 实例分析

整体变化：以靴筒设计变化为主，包括直筒、自然皱设计，也包括在靴筒部位的各种工艺设计，包括铆钉、激光雕刻、装饰片和装饰扣等设计。

局部变化：头排的外轮廓变化和后跟片的设计等。

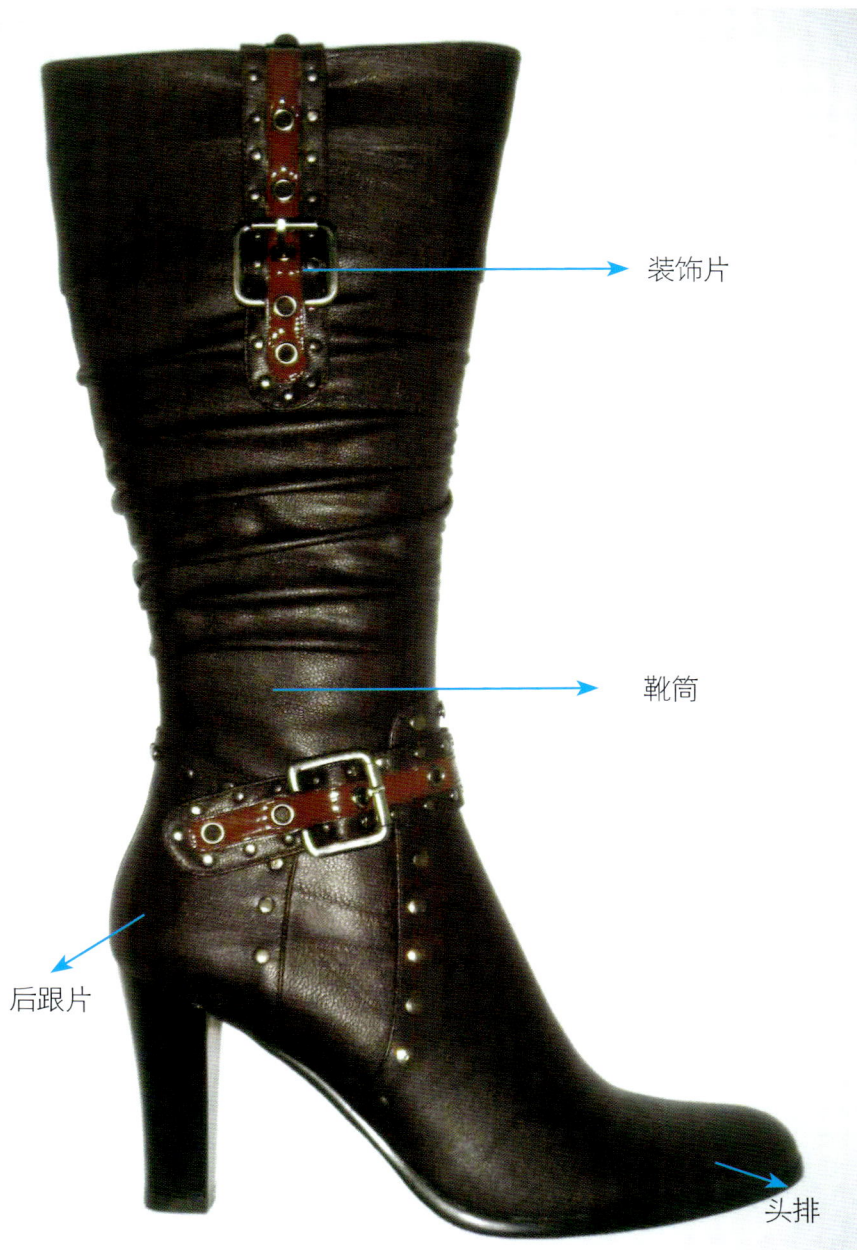

装饰片

靴筒

后跟片

头排

图7-48　葫芦头结构分析图

实例一：

①观察：如图7-49所示，头排轮廓进行了变化设计，与镶边工艺相结合，利用黑白颜色对比，进行点、线、面的综合变化，丰富了画面节奏。

②分析：头排的外轮廓变化是葫芦头女靴设计的重点，主要分为设计头排的外轮廓形态，可以是规则的葫芦头造型，也可以是逆向葫芦头的造型，或是几个葫芦头排叠加的造型。头排边线也可以多种尝试，如包边镶，粗边细边根据款式需要选择，产生颜色和面积的反差，也可加蕾丝花边，营造俏美的效果（图7-50）。

图7-49 葫芦头款式实例分析图

图7-50 头排表现效果图

图7-51 葫芦头款式实例分析图

实例二：

①观察：靴筒装饰扣设计，造型干练（图7-51）。

②分析：女靴中的靴筒由于其面积较大，因此适于做复合设计等。首先，考虑靴筒外翻，比较常见的是毛边外翻，宽度可自由控制，也可以与宽装饰片配合使用；也可以在靴筒一边设计装饰扣，一般女靴上的装饰扣体形要比女单、女凉上的装饰扣大几号；也可以将靴筒横向或是竖向打断重新缝合；或在靴筒上进行刺绣、激光雕刻、镶钉等设计，设计余地非常大。

底跟也可以联系靴筒面一起设计，具体参考图7-52所示。

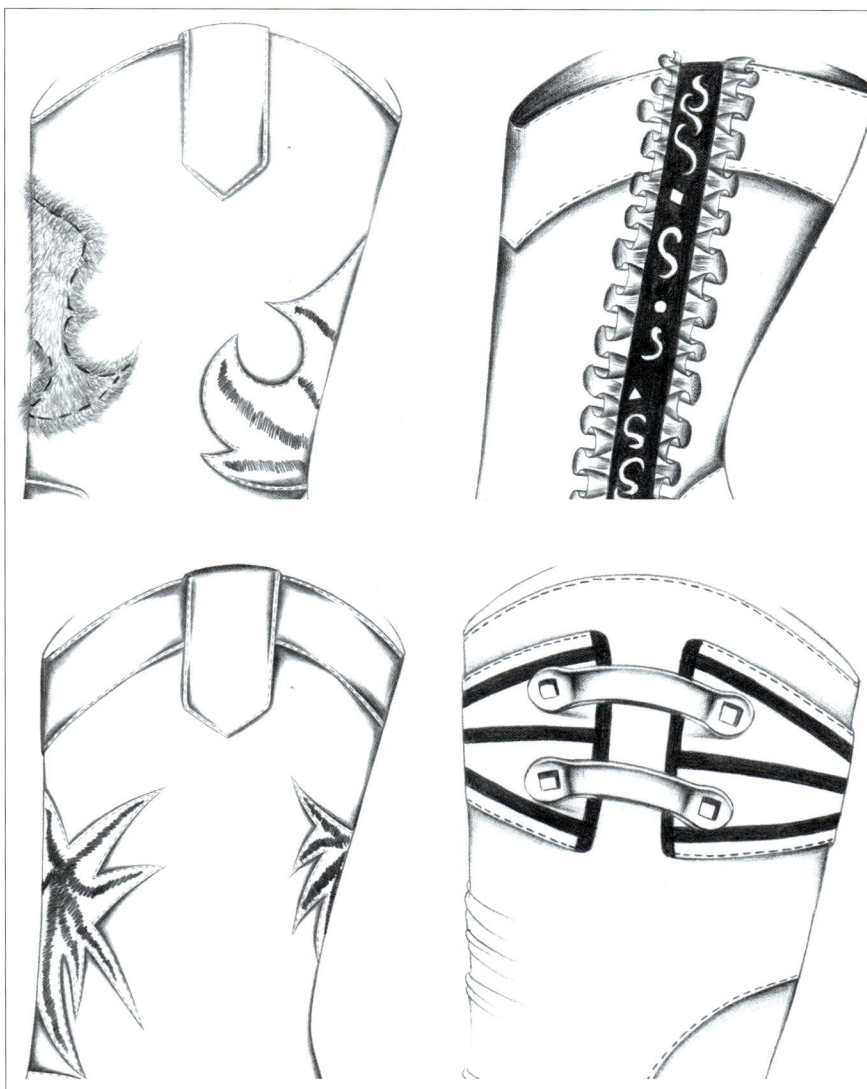

图7-52 靴筒表现效果图

7.6.3 设计效果图

图7-53 葫芦头款式设计 （作者：金盈雪）

图7-54　葫芦头款式设计　（作者：金盈雪）

图7-55 葫芦头款式设计 （作者：金盈雪）

图8-1 钥匙包实物图

8 女式皮包设计

8.1 钥匙包设计

对于包体而言，不管其组成部件有何不同，包体都由前后扇面、侧部、底部和上部组成，只不过有的部分由部件单独组成，有的部分由其他的部件延伸而成，而有些部分的部件因设计的需要而省略了（如敞口包的上部）。即使是小小的钥匙包也一样，包底可由前后扇面或墙子构成，侧部可由前后扇面延伸构成包体的侧部和上部，下部可由整体部件构成，也可单独构成。但不论是哪一种细分结构的包体，包体的部件都由外部部件、内部部件和中间部件部分组成。真皮皮质的钥匙包在男性消费者群体中很受欢迎，但在女性消费者中相对较少，更多时候是真皮与其他材质如棉布、亚麻布、艳丽的革等的结合运用，深受消费者欢迎。

8.1.1 外部组织

目前，世界各国在皮包中都广泛采用合成纤维织物，特别是女式皮具，真皮经常和涤纶、锦纶等纯混合纤维一起使用，也有单单采用合成纤维与棉麻混纺织物的。钥匙包常用的皮质有牛皮，其中以水牛皮居多，水牛皮质地稍硬，表面粗糙，纹理清晰，由于肌理关系，这类面料没有高光，但有一定的反光。

钥匙包的设计有以真皮材质为主的，也有以真皮结合织物进行设计的。当以真皮材质为主时，主要考虑外轮廓形态的设计；当以真皮结合织物进行设计时，就要重点考虑两者如何结合。真皮的各种表现方法我们在前面都详细地介绍过，现在我们来讲讲如何对皮具中的纤维材质进行造型。在表现皮具中的合成纤维材质时，除注意它的受光特点以外，最好画出织物的组织纹路。要有粗细、虚实的变化，这样一来合成纤维织物的质感才能表现得比较充分。如可先用笔以白描的形式将轮廓描绘出来，在画稿上点一些细小的点以示织物纹理即可。而对纹理稍粗的合成纤维织物，可以先取一块纤维板，用毛笔将颜色涂抹到板上，然后再轻轻地压在画面上，纤维板的纹理效果就体现到效果图上了。

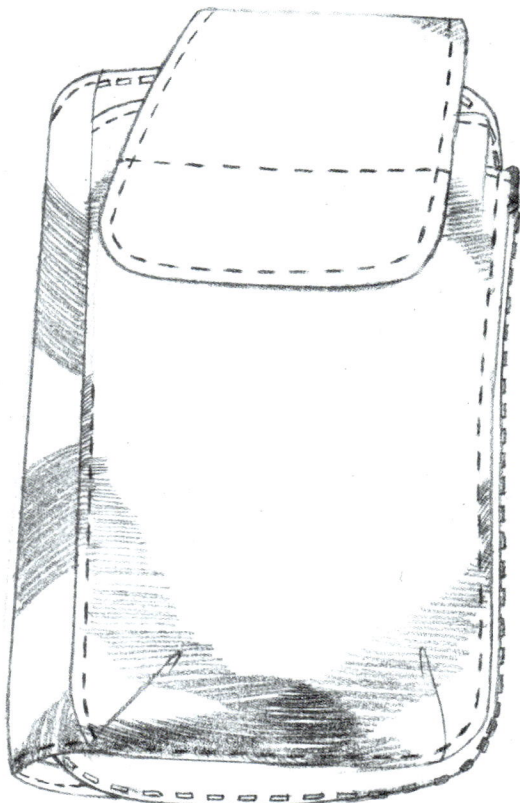

图8-2 钥匙包效果图

高等职业教育艺术设计类专业实践教材

8.1.2 里部组织

内部部件对于包体来讲讲究内外部件设计的和谐与平衡才是最佳境界。包体的内部部件位于包体内部，虽然对包体的外观没有直接影响，但它的合理与否对包的价值、应用性能以及成本都有较大的影响。内部部件包括里子、里袋、隔扇等部件。在里子的设计上考虑较多的是里料的材质和颜色。一般可选用仿丝绸面料、人造革面料或棉布面料，里料的花纹、价值随面料的变化而相应变化，采用高档面料的包体也选用高档的里料。

在多数情况下，硬结构或半硬结构的包体里料以选用布料为多，软结构包体选用人造革面料为多。当然，选用人造革面料作为里料还有一个目的，就是使包体的外形或手感更为丰满一些。里料的颜色除了与面料相配以外，多数选用较深的色调（图8-3、图8-4）。

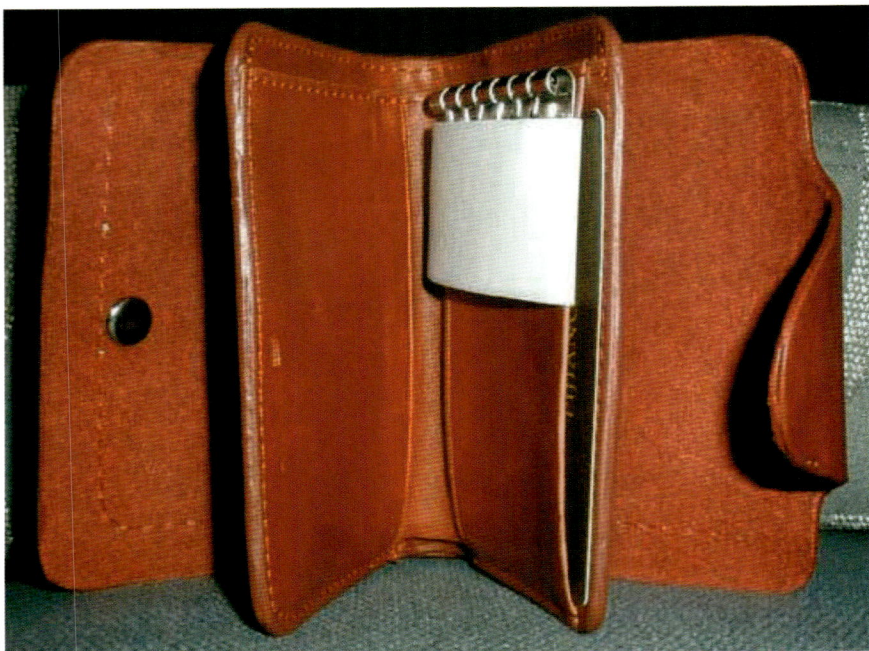

图8-3 钥匙包里部实物图

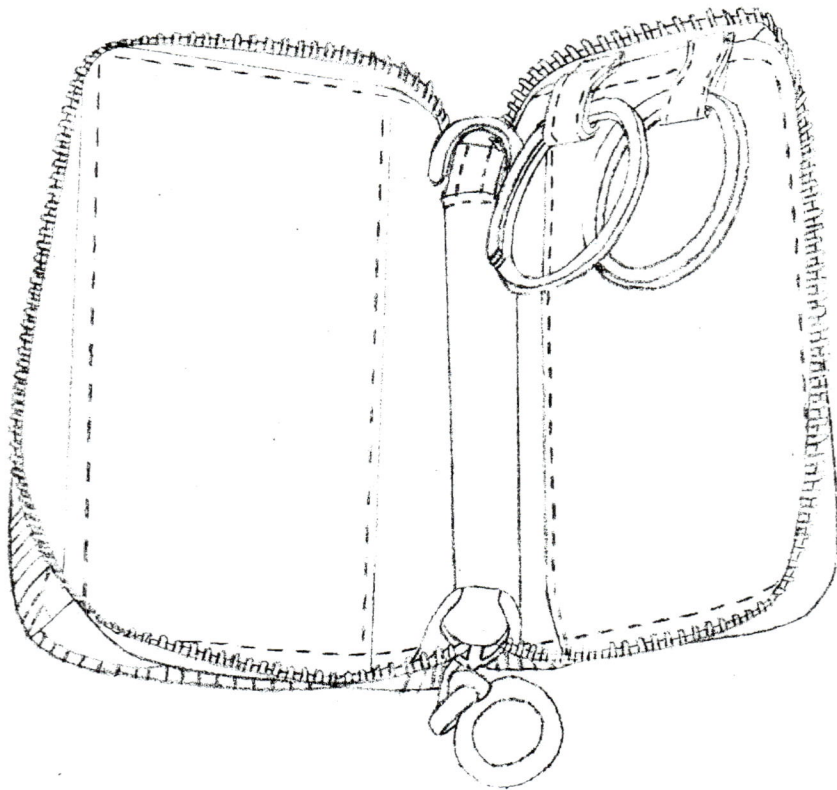

图8-4 钥匙包效果图

图8-5　钱包实物图

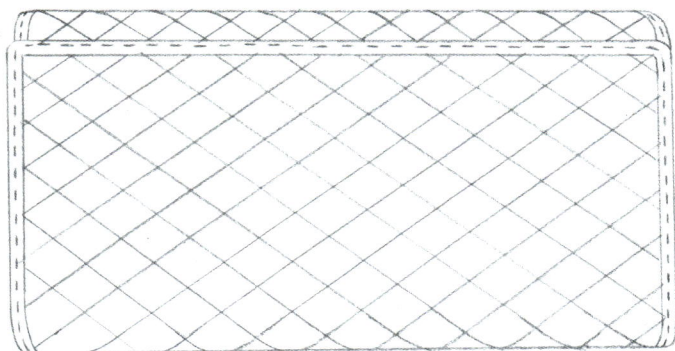

图8-6　钱包效果图

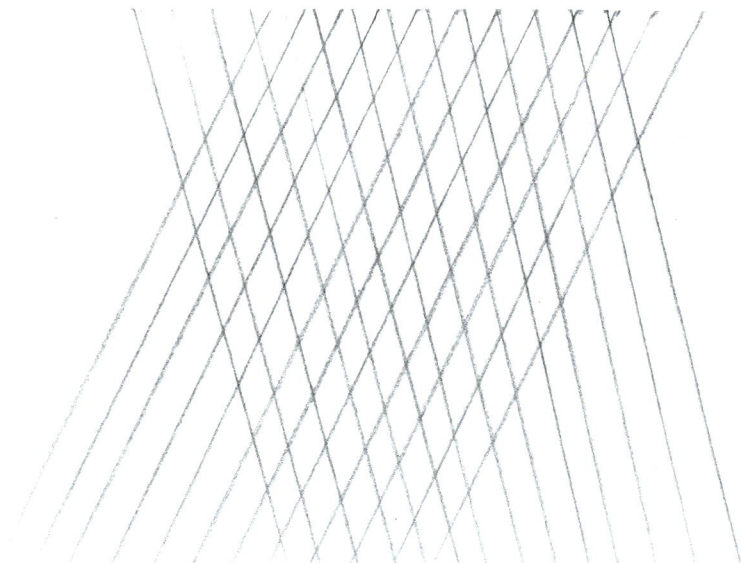

图8-7　线装饰效果图

8.2　钱包设计

近年来，长钱包的设计呈现兴隆景象，与先前的短钱包平分天下。钱包的衬垫材料应以海绵、衬绒、无纺布等为主，以增加包体的丰满度，改善手感，也赋予了包体较好的外形。

8.2.1　外部组织

缝制工艺的分析设计部件与部件之间的结合方式是反映包袋整体设计极为关键的表现方法，在分析外部部件的结合固定情况时，要分析连接方式、接缝种类、缝制方法与边缘的修饰。从整体上看，在现今钱包部件的固定方式上，主要有透针缝合、胶粘、撩缝等方式，其中以透针缝合方式最为常用，撩缝主要应用于局部做装饰所用。最常用的连接固定材料是缝制用线，因此，缝制线的质量和特性对包体的使用影响非常大，如保留在包体表面的缝线很可能由于磨损而断裂，影响包袋的使用寿命。与此同时，这些面线也对包体的外观起到一定的装饰作用。当然，也可采用装饰并固定主要部件的部件，有牙子皮、编织带、沿条等等，从而装饰包体的表面，改善包体设计的单调沉闷感。（图8-7）在分析外部部件的情况时，应从大到小、从前到后逐一无遗漏地分析清楚，从而将外部各部件的结合情况全面掌握。

包体的装饰方法及装饰材料也是非常重要的。在多数情况下，金属的光泽和圆润的质感都是包体良好的装饰，抽象的图案和字体以及异色粗线也是包体常用的装饰手法。此外彩色印花、蜡染、扎染及其他艺术手法也可以应用到钱包外部装饰上。缝线是皮具的主要工艺和表现手段，线的长短、间距需要有一个合理的安排，缝线可以适当地画长一些，表现时没有必要和真实的一样细，可以适当地放大，拉开距离，这样有助于观察效果图。只要把方向表现清楚，线迹的大小和皮具的大小整体协调就可以了。缝线要画得整齐，长短基本一致，这样才能够体现皮具的工艺美。

高等职业教育艺术设计类专业实践教材

8.2.2 里部组织

在大多数的包体设计中，里子上均设有各种各样的小袋用以存放体积小而重要的物品。钱包的里袋的种类有自己的应用特点，如贴袋、带盖袋、敞口袋等等，在包袋的设计上里袋应用最多的是放置各种卡的设计，根据其用途划分得非常详细，如有用于放卡片的，有用于放票证的等近十个品种（图8-8，图8-9）。

主要是材质纹路的选择，缝合方式的运用，激光雕刻和压花压纹的设计，以及贴袋、带盖袋、敞口袋等组织部分的设置位置和数量的设计等，前面我们都有提到，这里就不再重复介绍。

图8-8 钱包里部实物图

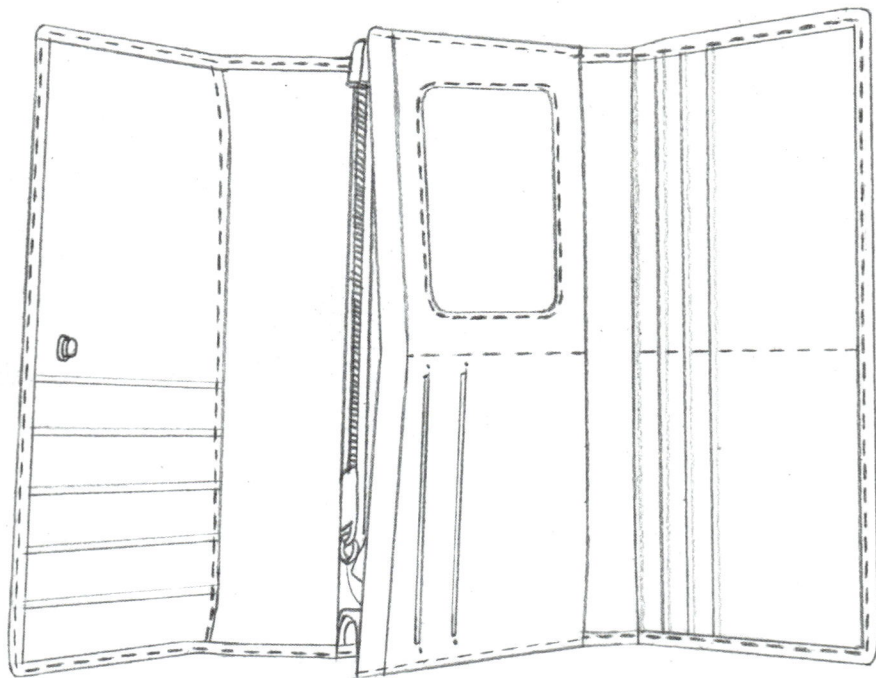

图8-9 钱包效果图

图8-10 手包实物图

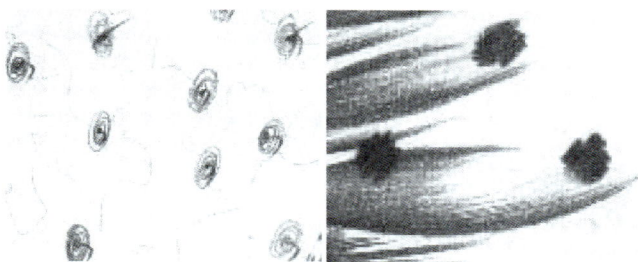

图8-11 手包面料效果图

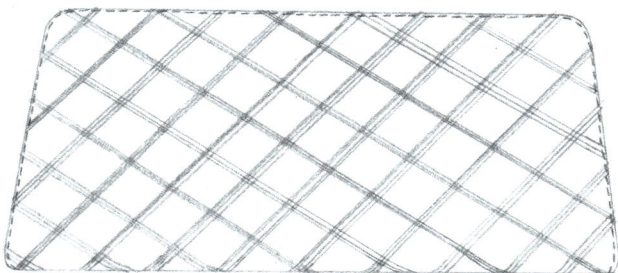

图8-12 手包效果图

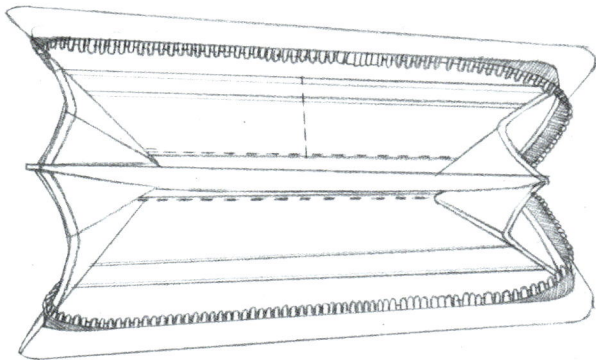

图8-13 手包效果图

8.3 手包设计

女性手包的设计风潮正劲，尤其是搭配服装方面，它更是有不可替代的作用。和男性手包不同，女性手包的体积偏小巧，重点集中在外部的装饰效果上（图8-10）。

8.3.1 外部组织

手包外部的装饰很大程度上是依据流行或设计构思达到整体的平衡，例如，前后扇面、拉链条、包盖等为包体的外部主要部件，而某些小袋盖，插绊以及各种装饰件等是手包的外部次要部件（图8-11）。

如图8-11所示的效果图中的皮革面料主要指用于制鞋的天然皮革。一般采用色是猪、牛、羊、马皮制成的革，其主要特征在于它光滑的外观和较强的光泽；特别是皮革制成的手包，穿上后起褶皱的地方容易产生高光。天然皮革的光感比人造革的光感柔和而丰满。手包款式效果图因表达的目的和内容不同而有不同的表现形式，各种各样新材料的出现也给设计师带来了越来越多的表现手法。同样的表现内容，运用不同的绘画工具和材料，达到的效果完全不同。效果图因工具和材料的性质不同而运用不同的技法，因此，熟练掌握各种工具和材料的特性是设计师画好效果图的前提（图8-12）。

8.3.2 里部组织

简单来讲手包里部组织包括贴袋、带盖袋、敞口袋等（图8-13）。

表现皮革面料的质感，着重在于抓住光泽感，表现皮革的挺、硬效果。一般用斜视手法去体现。如果用正面造型的话，要注意透视的表现，如用单色笔以明暗素描的形式往往能取得较好的效果。但要求画者要有一定的素描功底，也可用水彩或水墨的方法去表现。但由于皮革的种类繁多，因此不同种类皮革的表现方法也不尽相同。

8.4 挎包设计

挎包的外观设计主要体现在面料的选择和组合上，有真皮皮革制作的全皮皮包，也有和其他面料混合设计的、以真皮作为辅助装饰的挎包。后者的出现越来越频繁，花样多变的各种面料演变出不同风格的各式挎包。依据挎包部件组成的不同，包体的结构可细分为6类，它们分别是由前后扇面和墙子组成的结构，由大扇和两个堵头组成的结构，由前后扇面、包底和两个堵头组成的结构，由前后扇面和包底组成的结构，由整块大扇组成的结构，由前后扇面和堵头组成的结构。由于部件组成各异，不同的部件在包体中的作用和职责不同，包体的风格也不同（图8-14）。

扇面是包体的主体部件，在前后扇面和墙子结构中，前后扇面是单独存在的；在由大扇和两个堵头组成的包体中，前后扇面共同组成了包底部件；在由前后扇面和包底组成的包体结构中，前后扇面要充当包体的侧部，也可能与拉锁一起成为包体的上部结构；而在由整个大扇组成的包体中，包底与扇面一样，也是决定包袋形状的关键部件。在由前后扇面和包底组成的包体结构中，包底的形状和尺寸决定扇面的尺寸和形状，包底的形状也与扇面相似，有长方形、椭圆形、圆形等形状。包体的堵头专指包体的侧部，堵头的高度主要取决于扇面的高度，而其上部的宽度则取决于包的开关幅度，堵头的形状决定包体侧部形状（图8-15）。

图8-14 挎包实物图

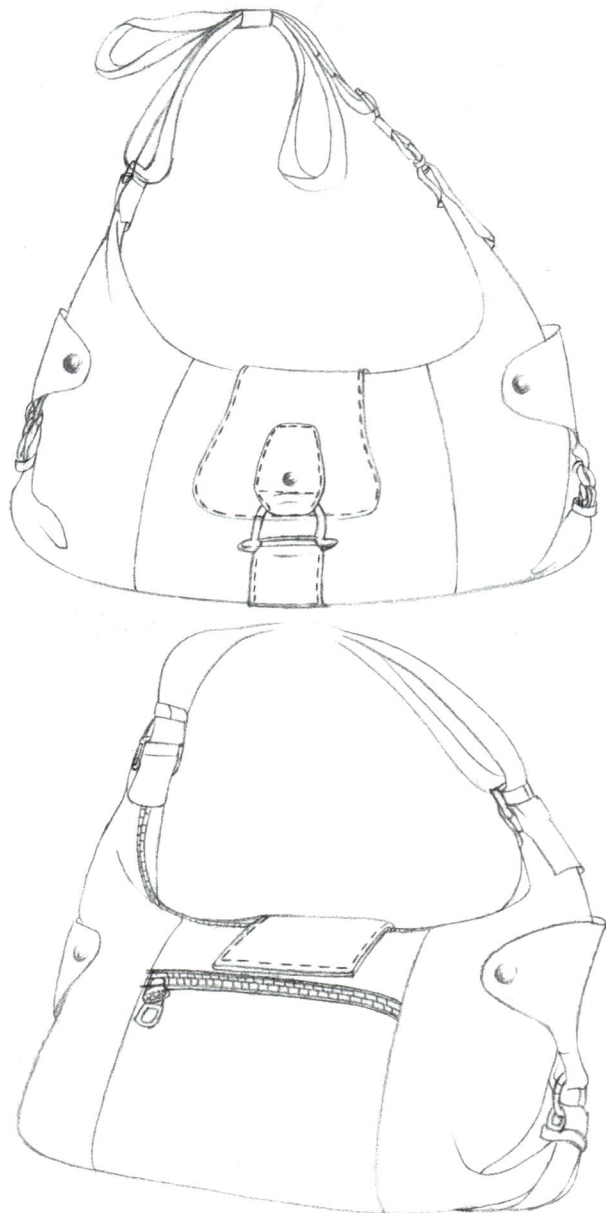

图8-15 挎包效果图

8.4.1 外部组织：

拷包的外观设计主要有两个方面：一是拷包的外轮廓形态设计，二是拷包各个组搭物件的轮廓及位置的设计。

拷包外轮廓的形态由于受重力和容量等条件的限制，多设计成对称的形态，方便携带，如方形、圆形、月牙形等相对稳定的形态。由于材质的开发越来越多，各种软硬的材质都不断运用到包体设计中，使包的形态领域更为宽广，稳定性更好，并产生了条状、角状，甚至是不对称的新式设计。观察拷包外观设计，其基本规律是组搭物件品种比较保守，分布在拷包的两侧和背部，以内扣和拉链固定为多。外观装饰以各种铆钉和装饰扣为多，以拷包本身的面料变化和块面设计为设计主线。拷包的面料选择较其他皮具设计来说空间很大，各种材质经过合理的搭配和处理，都能呈现出不同的效果。颜色走向也趋多元化，有高档的单色系，如棕色和黑色；也有和谐的多色系，如邻近色和对比色的运用；也有不同材质的对比和不同领域的交界设计，这些都成为设计师发挥才能的重要依据。近年来，各种动物纹路和仿真纹路明显的材质层出不穷，成为拷包面料设计的主导趋势，进一步开拓了设计师的设计范畴（图8-16）。

图8-16 拷包外部图

8.4.2 里部组织

墙子是指与前后扇面连接而构成包体侧部的部件，它与堵头的不同，在于它不但构成包体的两侧，而且可以构成包体的底部或上部，从而环绕在前后扇面的两侧而构成包体。墙子的形状有长条形、上宽下窄形和上窄下宽形以及异形等形状，根据墙子形状的不同，形成的包体的形状也不同。在包体的结构中包盖的作用是非常重要的，包盖不但是一种开关方式，而且是一种装饰包体的手段，带有包盖的包体在整体上给人一种非常严谨的感觉，外观效果庄重大方，许多职业用包袋都选择这类部件设计。除了这些构成部件以外，外部部件中还有一些次要的部件，往往是这种部件对包体的外观效果起到相当大的作用，说明它是包体的细部设计，体现着设计师与众不同的匠心。这类部件同时也是功能部件，具有独特的实用功能（8-17）。

挎包内部盛放各种小件物品的部件，如各种外袋挖袋、贴袋、敞口袋、带盖袋、立体袋等等。挖袋严谨细致，贴袋、敞口袋的内装容积较小。带盖袋及立体袋的风格洒脱、容量大而且装饰效果好，但主要应用在休闲风格的包体上；相对于外部部件和内部部件来讲，中间部件并不在人们的视野之中，它处于外部和内部部件的中间，但对包体的作用确实是非常大的，它的好坏直接影响到整个包体的外观效果和手感。

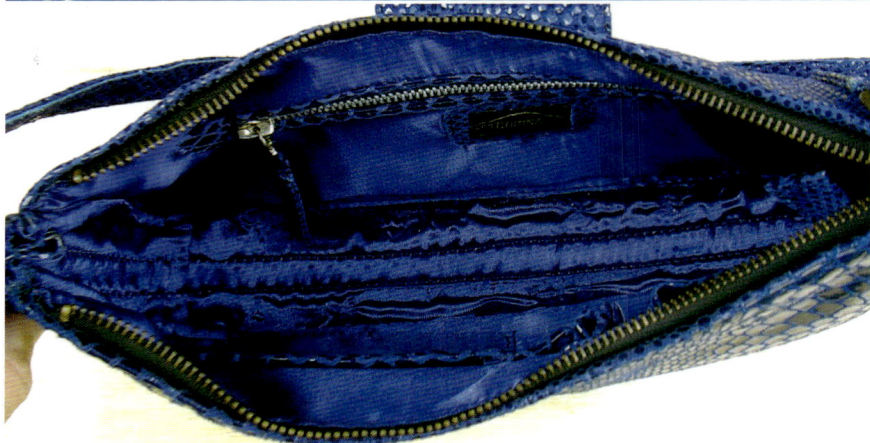

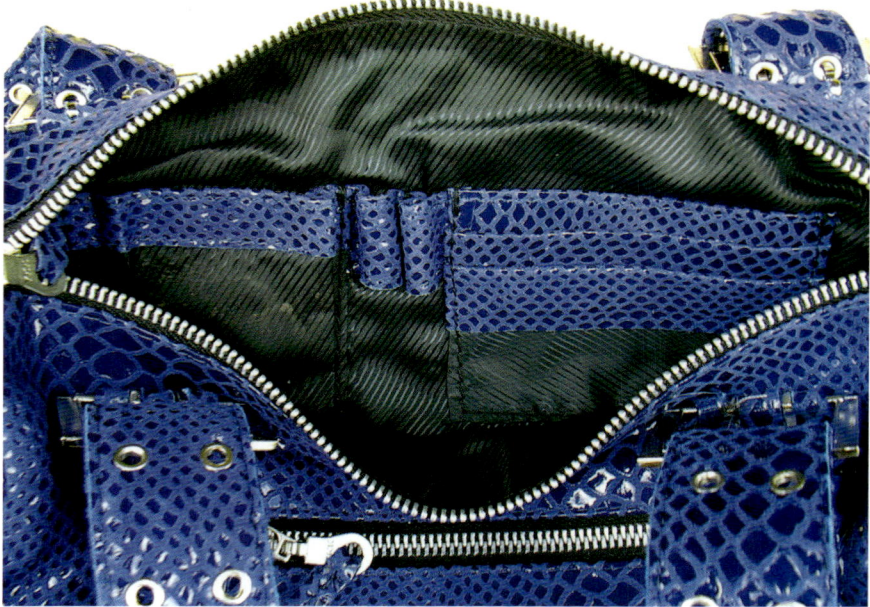

114

图8-17 挎包里部图

9 女式腰带设计

9.1 针扣式设计

女士针扣式皮带的设计方法和男士的基本相同，主要设计体现在金属扣的设计上，但差异比较大的是男士针扣式皮带的内身外翻，而女士皮带多为内翻。外翻展现粗犷的一面，而内翻相对来说就比较内敛、含蓄（图9-1）。

较男式来说，女士针扣式皮带的整体设计变化更为出位：条身是设计的重点，通常会刻意改变整块皮带的组成，而用接缝工艺来增加设计感；同时改变传统皮带均匀的设计手法，将打断部位设计成一粗一细的块面；或是增加层次感，将其设计成一宽一窄的叠加条带，以线缝、铆钉等工艺手法进行固定。皮带扣的形态设计选择更多，主要有圆的和方的两种，即使非常简单的圆环扣，在同一腰带身上重复使用，错落放置，也能带来不一样的效果。出于固定和装饰性考虑，在女士皮带上往往会加一些细条扣，一般为两个左右，在细条扣上可加金属链条，镶上人造宝石、人造钻石等装饰，体现整体设计风格。

效果图设计时，需要注意重点关注细皮条的穿插次序和金属链的衔接，前腰部位皮带的设计表现力较强，可多做适当的装饰。如人造宝石、人造钻石和人造水晶的描绘方式；在符合设计风格的前提之下，要清晰地表达出其分割面和受光效果及镶嵌方式（图9-2）。

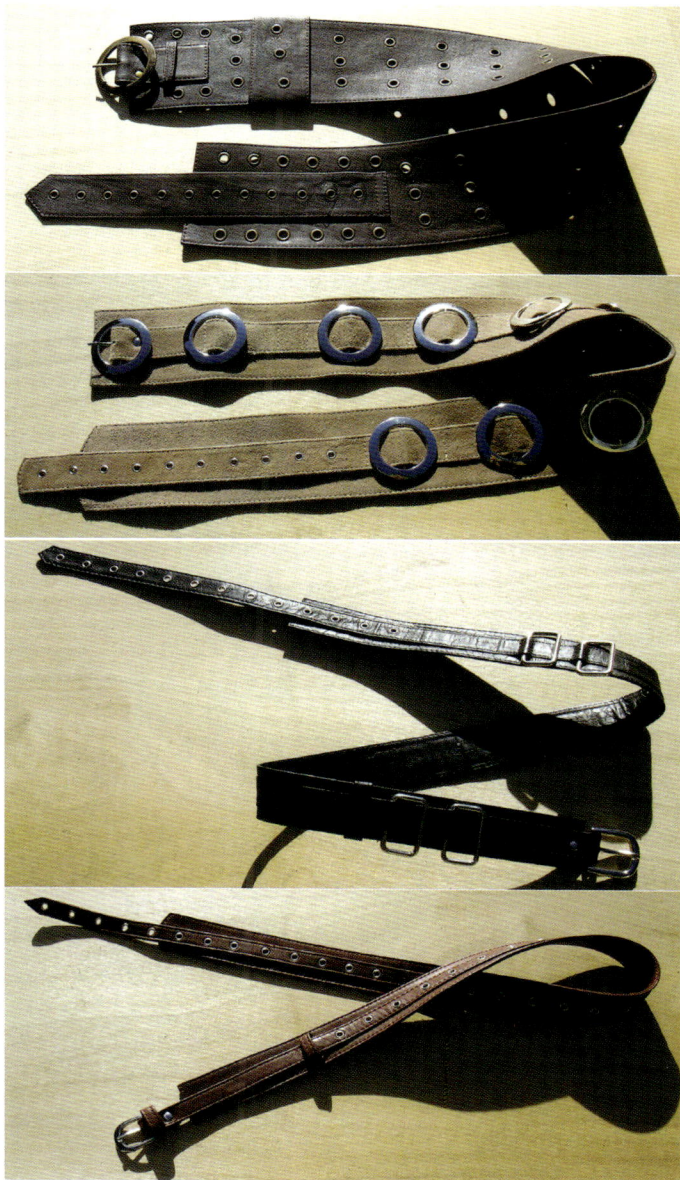
图9-1 针扣式皮带实物图

图9-2 装饰品实物图

高等职业教育艺术设计类专业实践教材

其设计效果图如图9-3所示。

画出外轮廓线，注意线条要流畅，画出中心面，通常有六面或八面较均匀的切面，画出等分线，也可平均处理；画出明暗调子，可处理得比较柔和。绘制压克力钻的效果图时，需要注意面的分割，各个面的明暗由于受到时间的限制，也可以只做简单的描绘，通常是中央面放亮，周边面略微浅些即可（图9-4）。

粗细链条的绘制方法基本接近，都是先画出外轮廓，然后将小圈按次序连接起来，理清上下的次序，确定一个角度，在所有小圈的轮廓上画上明暗交接线，在外轮廓另一侧画上投影，就能塑造出长而有序的装饰链条平面效果了。

图9-3 针扣式皮带效果图

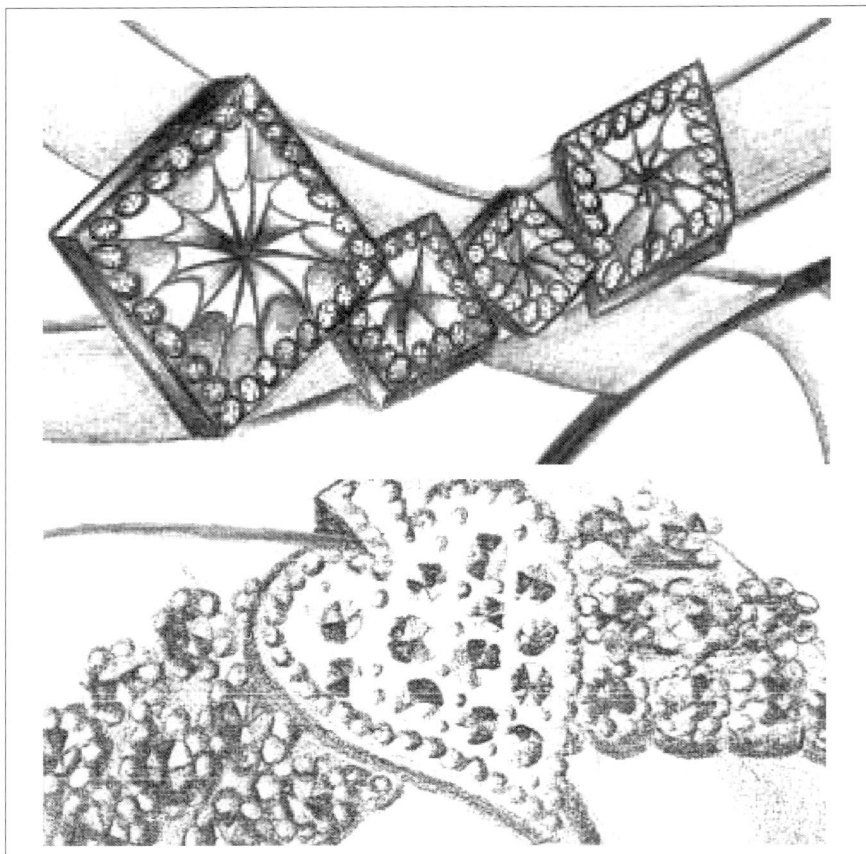

图9-4 装饰品效果图

图9-5　平滑扣皮带实物图

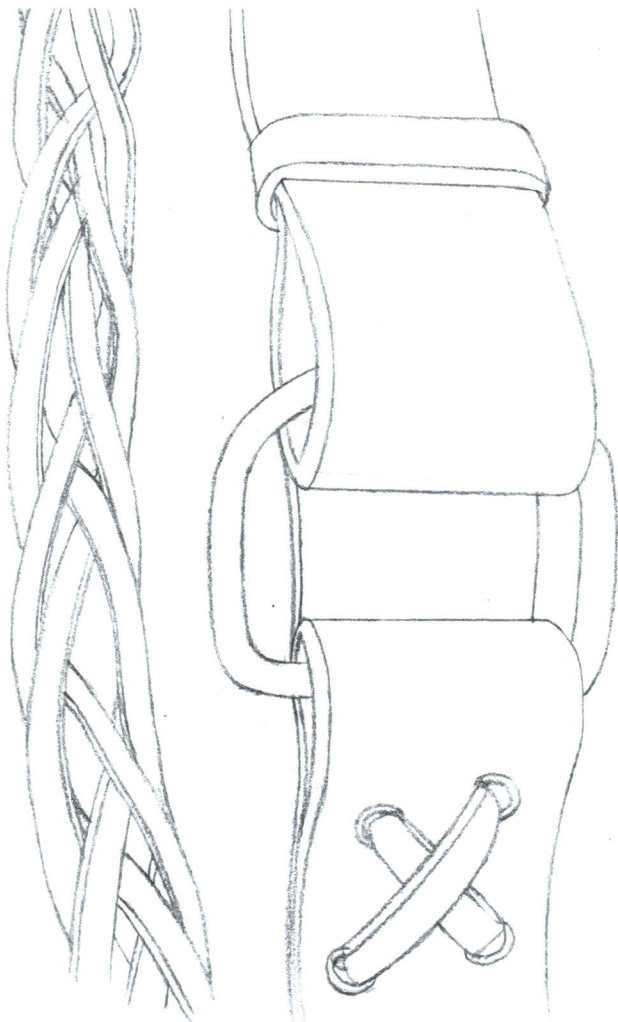

图9-6　平滑扣皮带效果图

9.2　平滑扣设计

在很多时候，平滑扣的设计是皮带本身的形态造型设计点之一，结合各种工艺实践，如近年来比较流行的编制、拼接、镶嵌、镂空等方法，结合金属扣的设计，演化出无穷无尽的款式变化风格（图9-5）。

通常会在金属上激光雕刻彩色图案，图案可以是具象的或抽象的，但它必须通过一个实物来表达。综观现代人对元素的运用，可考虑采用古代抽象文字和民族图腾，但过多地在具象图案上下工夫，容易落入俗套。民族图案具有强烈民族文化气息，有些图案还充满了浓郁的乡土味，其花纹经过加工和筛选后，在表达上更具有传情、含蓄、细腻等审美特点。我们可以从现实生活的各种图案中将其提炼出来，运用现代设计手法如简化、夸张、对比、穿插、扩散、打散等手法重新组合，使之具有民族特性的同时又不失现代感，焕发出更加迷人的风采，即把传统中国文化用现代设计手法的方式渗透到设计之中，使之体现为另一种视觉冲击力，给人以美感（图9-6）。

高等职业教育艺术设计类专业实践教材

9.3 挂扣式设计

挂扣式皮带设计简单描述就是指固定方式，即以一枚圆钉通过穿孔，从而得到固定的款式。外观设计接近于男式自动扣，但由于金属扣内层设计没有自动扣复杂，所以允许金属扣产生部分裸露，外观显得更为轻松自然。挂扣式皮带由于固定方便，结构合理，色彩多变，因此成为时装最默契的搭档（图9-7，图9-8）。

挂扣式皮带的出现基本上走极细造型和极粗造型两种极端路线，皮带内身以珠光皮革和光面纯金属色为主，非常适合与服装的搭配。近年来金属色，包括金色、金灰色、金棕色、金红色、金绿色、银色、银灰色、银蓝色等流行色和超大变异扣设计的出现，也极大丰富和拓展了专业皮带市场。

我们必须认识到，学习设计是从事一项非常艰巨和复杂的任务。所以，设计之初，我们必须要做好以下几个方面：一是要广泛收集专业设计类型的相关资料，包括专业杂志的平面资料。资深编辑已经从成千上万的款式中将优良的资源筛选出来，为我们学习这方面的知识节约了大量的精力财力，让我们怀着感恩的心，站在他们的肩膀上继续我们的学习探索之旅。二是要有积极的指导。自学固然重要，但是在专业教师和专业教材的指引下，我们可以将企业操作过程渗透到我们的学习过程中，可以节省时间，绕过很多弯路。三是有科学的训练方法。现在，我们在学习中提倡系列设计法，就是将相关联的产品同时开发出数款，而不再是每一种只分离地设计一两个，这样既可以节约资源，又提高了效率，非常实用。四是培养良好的设计思维，这在学习过程中是最难，也是最重要的方法。皮具设计是有一定的时间要求的，要想在极短的时间内设计出优秀的作品，就要依靠成熟的设计思维和娴熟的表现技法来实现。

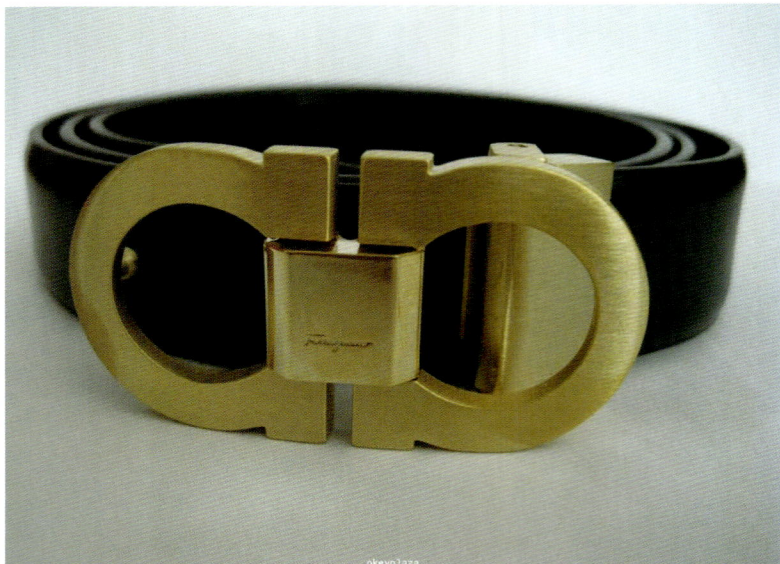

图9-7 挂扣式皮带实物图

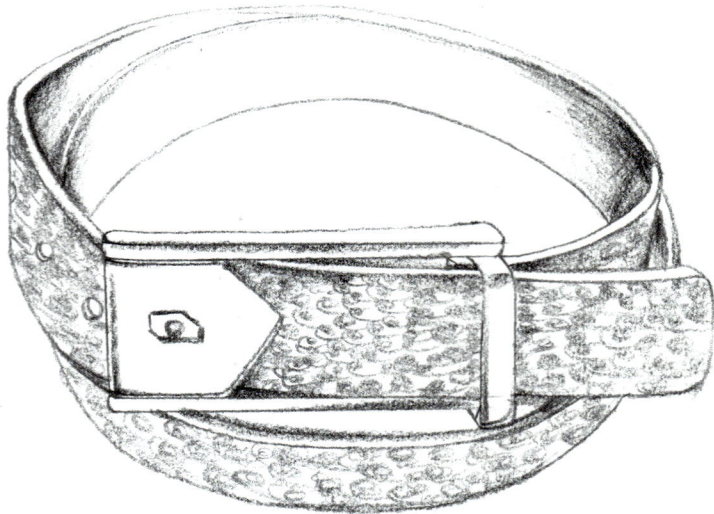

图9-8 挂扣式皮带效果图

参考文献

【1】杨文杰. 鞋靴造型设计[M]. 北京：中国轻工业出版社，2006.

【2】陈念慧. 鞋靴设计学[M]. 北京：中国轻工业出版社，2006.

【3】张建兴. 鞋类效果图技法[M]. 北京：中国轻工业出版社，2005.

【4】程远强. 包袋设计与出格[M]. 广州：华南理工大学出版社，2005.

【5】中国鞋网：http//www.cnxz.cn　2006～2008.

【6】中国知网：http//www.cnki.net/index.htm.　2002～2008.

高等职业教育艺术设计类专业实践教材

后记

改革开放以来，我国皮具业无论在品种、产量、质量、技术以及工业基础等各个方面都得到了飞速发展，越来越多的人投身到皮具设计与开发中来。与其他专业丰富的参考书相比，皮具设计方面的书还是非常缺乏的，特别是在皮具效果图的设计与样品制作方面，缺乏可供参考的实践性用书。温州是中国鞋都，本人作为温州职业技术学院轻工系的骨干教师，从事皮鞋皮具造型课程的教学数年，积累了一些皮具设计方面的教学经验，总结了一些在较短时间内完成对男女皮具造型的设计方法的思考和探索的经验，觉得有责任编写这样一本紧密结合鞋类企业实际的教材。这样不仅能为在校学生提供实用性较强的教材，同时还可供对皮具设计感兴趣的人员学习参考之用。

本书区别于市面上已有的各种理论方面的书籍，集中力量强化实践操作环节，将皮具设计主要分为皮具造型基础知识、男式皮具设计和女式皮具设计三个单元，目标性更强，其中后两单元科学细分为皮鞋设计、皮包设计、皮带设计等三部分。每一章内容都精选最普遍和具有代表性的经典款式，逐条分析可以作为设计的位置、设计的手法和设计的思路，进行举一反三的设计引导。重点分析如何借鉴市场已有的流行款式，分析其中的设计元素，进行归纳总结，提炼出自己的设计思路。在详细的对比讲解过程中，收集汇编了大量鞋靴造型的局部和整体效果图，形象生动地阐述了如何进行皮具设计，使学习者通过不断的学习和分析，掌握独立的造型能力和设计能力。

本书能出版，首先要感谢各位鞋样专业前辈们的辛勤耕耘，因为是他们提供了大量宝贵的工作经验和参考资料。其次要感谢长期以来一直支持和帮助我的学院领导和系部领导田正老师，感谢我的同事史丽侠老师、崔同赞老师、谢婉蓉老师、叶颖颖老师、舒世益老师和童希老师的大力帮助。还要特别感谢企业的优秀设计师吴君君老师、武金轩老师、宋法增老师等。也感谢鞋样专业2004届、2005届、2006届等历届同学创作的大量优秀作品，这些作品使得本书的内容能够更丰富细腻。

由于编写时间有限，其内容和原先预想的还是有一定的出入，匆忙之间难免出错，希望各位同仁及时批评指正。

李　贞
2008年10月